南十字星下的飞行

极地探险简史

金雷 著

ANTARCTICA

人民邮电出版社

北京

图书在版编目（CIP）数据

南极探险简史. 南十字星下的飞行 / 金雷著.
北京 ： 人民邮电出版社，2025. -- ISBN 978-7-115
-66048-0

Ⅰ. N816.61

中国国家版本馆 CIP 数据核字第 20252JD322 号

内 容 提 要

本书是一本关于南极航空历史与探险的图书，从早期葡萄牙探险家的首次南半球飞行，到威尔金斯和伯德的极地飞行壮举，再到德国在南极的弹射飞行实验，书中详细记录了人类在南极天空的勇敢探索。随着航空时代的到来，南极的天空见证了速度与技术的竞赛，同时也成为国际地球物理年科学研究的焦点。冯·布劳恩在南极的活动预示了人类登月的壮举，而南极洲的空难则提醒我们探险的艰辛与风险。无人机的应用在科学探索中发挥着越来越重要的作用，而南极上空的臭氧层空洞则引发了对环境问题的关注。书中还探讨了极光的神秘之美和暗物质捕捉的前沿科学。最终，作者以"艰难的飞行"作为跋，总结了南极航空探险的艰辛历程，展现了人类对这片遥远大陆的不懈追求。

本书适合历史爱好者、科技爱好者、探险爱好者、环境保护主义者、旅行爱好者，以及地理、历史、环境科学、航空和航天工程等学科的师生。

◆ 著　　　　　金　雷
　　责任编辑　苏　萌
　　责任印制　马振武

◆ 人民邮电出版社出版发行　　北京市丰台区成寿寺路 11 号
　　邮编　100164　　电子邮件　315@ptpress.com.cn
　　网址　https://www.ptpress.com.cn
　　北京盛通印刷股份有限公司印刷

◆ 开本：720×960　1/16
　　印张：12.25　　　　　　　　　　2025 年 8 月第 1 版
　　字数：191 千字　　　　　　　　2025 年 8 月北京第 1 次印刷

定价：89.80 元

读者服务热线：(010)53913866　印装质量热线：(010)81055316
反盗版热线：(010)81055315

序言

　　金雷先生是一位资深的集邮爱好者，我与他相识已有 30 余年。他曾是《中国减灾报》记者，也是一位科普作家，长期在中国地震局应急管理部从事政策法规、防震减灾宣传和应急救援工作。按他自己的话说，"自己就像来到世间的一只猴子，可能是出生时就脑后长'反骨'的原因，所以一直不安分"，先后从事侵华日军遗留化学武器危害考察、甘肃河西走廊"古罗马战俘之谜"考察、北极因纽特民族考察、南太平洋复活节岛文化之谜考察、中国第 16 次南极科学考察等。曾任中国科学探险协会常务理事、中国三极地区科学考察探险队队长、中国特殊地区探险专业委员会委员，2004 年被国家海洋局授予中国南极科学考察纪念奖章。

　　20 世纪 90 年代，金雷先生为《集邮》杂志撰稿，其收集范围之广与独特视角令我惊叹。他主要收集极地题材和"二战"题材的邮品。"二战"是众多集邮爱好者收集的重点领域，从著名战役、著名将领，到战时邮政、战俘邮件等，不一而足。然而，金雷却独辟蹊径，聚焦于日苏张鼓峰战役、诺门罕战役、日本对内蒙古的渗透，甚至德国在"二战"前到喜马拉雅山地区搜寻雅利安人种起源等邮品及资料的收集与研究，在中外集邮者中独树一帜。当然，他的极地邮品收集更是成果斐然，他的工作与极地相关，有极地情结，青睐极地题材邮品自不待言。2011 年，他在人民邮电出版社出版了《邮品上的地球三极》（全3册），以自己收集的邮品为图，向读者介绍了南极、北极、喜马拉雅地区和青藏高原地区的精彩知识。该书被列为北京市科委科普专项资助项目，并且获得北京市委宣传部等单位联合举办的第六届北京市优秀科普作品奖科普图书类最佳奖。

金雷先生此次带来的《南极探险简史——南十字星下的飞行》，是其南极探险图书姊妹篇之一（另一本为《南极探险简史——寻找南方大陆的航迹》）。该书从各国最早运用各类航空器观测南极讲起，阐述了相关国家在南极科考事业的发展历程，凸显了航空技术进步对南极科考的推动作用。同时，书中也指出大量飞机、机场给南极生态环境带来的改变，提醒人们重视南极的保护。

人类探索和认识大自然的过程，也是材料和工具不断进化的过程。千百年来，人们对于飞翔充满了憧憬，为此进行过多种多样的尝试。飞机作为20世纪最伟大的发明之一，彻底改变了人类的出行与探索方式。它让人类得以驾驭重于空气的飞行器翱翔天际，俯瞰广袤的海洋和大地，成为高效探索未知地域的利器。

南极，这片位于地球最南端的大陆，是人类最后涉足的土地。直到19世纪20年代才被人类真正发现。此后，各国探险家纷纷驾船前往，一探这片神秘大陆的样貌。然而，在那茫茫冰原之上，早期的极地探险和科考活动主要依赖狗拉雪橇或雪地车，这种方式不仅速度缓慢，而且充满了巨大的危险。相较之下，空中运输和勘测无疑能极大地提升效率。于是，近百年来，南极这片荒寂大陆逐渐迎来了"空中探索时代"。从气球到固定翼飞机、直升机，再到无人机乃至各种航空器的相继登场，为南极科考带来了前所未有的变革。这些新工具的运用，不仅提高了科考效率，拓展了研究范围，也以一种全新的视角，让人类对南极有了更深入、更全面的认识。

南极航空充满挑战，金雷的书中记录了多次飞行失败、飞机迫降乃至坠毁等事件，这些是人类为探索南极所付出的沉重代价。然而，人类并未因此止步，而是持续改进和发展航空技术。中国在这一领域堪称典范，经过数十年技术积累，目前以无人机为代表的航空技术已在南极独树一帜。

如今，尽管各国已在南极建立数十个科考站，并且修建了配套的码头、跑道等基础设施，观测手段也已涵盖多种运载工具，但南极仍有许多未解之谜等待人类去破解。我相信，读者在阅读本书后，将燃起对南极的探索热情，并对飞机在南极的探索与开发的重要作用有更深刻的理解。

要写好一本书，必定源于热爱、基于丰厚的知识储备。金雷先生以记者的敏锐洞察、科技工作者的严谨态度、科普作家的广博学识以及收藏家的深厚底蕴，将南极飞行故事生动地展现于地理与时间的交织之中。在数次赴南极期间，他策划创意并实寄了众多南极题材的纪念封片，这些独特的邮品也在书中有所呈现，让读者更直观地欣赏南极奇丽的风光，并铭记中国科考工作者在南极艰辛工作所取得的成就。

刘劲

刘劲 中华全国集邮联合会会士、邮展工作委员会副主任，曾任《集邮》杂志主编；邮集《秘鲁航空邮政服务（1927—1942）》曾在 2024 罗马尼亚世界邮展、2025 乌拉圭世界邮展获得大镀金奖。

前言

　　2020年1月31日,我有幸在南极半岛的欺骗岛遇到一支由爱沙尼亚人和俄罗斯人组成的探险队。他们共12人,乘坐一艘名为"别林斯高晋海军上将"号的小型游艇,从爱沙尼亚首都塔林出发,一路航行至南极。此次航行是为了纪念法比安·戈·特利布·冯·别林斯高晋和米哈伊尔·彼得罗维奇·拉扎列夫率领的"东方"号和"和平"号探险船队发现南极大陆200周年。别林斯高晋的发现结束了人类对神秘的"南方大陆"几千年的盲目猜测和为寻找"南方大陆"而进行的航海探险。

　　在航海史上,马可·波罗的东方见闻激发了各国统治者和航海家的探险热情。他们或为荣誉,或为金钱,纷纷投入航海大探险,填补了地理空白,推动了科学技术的发展,促进了各大洲之间的紧密联系。

　　然而,关于郑和船队是否到达过南极,这一观点在航海史学界引发了巨大争议,仍有待进一步证实。首次完成全球航行的费尔南多·德·麦哲伦死于菲律宾麦克坦岛,而真正完成全球航行的是"维多利亚"号指挥官胡安·塞巴斯蒂安·埃尔卡诺。荷兰海军上将雅各布·罗格文发现的复活节岛至今仍充满神秘色彩。英国著名探险家詹姆斯·库克曾3次越过南极圈,但未能发现"南极大陆",且在其考察报告中还否定了"南方大陆"的存在,误导了很多航海者。

　　一方面,南极洲是科学探索的天堂,英国、德国、法国、比利时、瑞典、日本、挪威等国的探险队纷纷前往那里;另一方面,南极洲也曾经是野生动物的噩梦,捕鲸者和毛皮猎人曾将这里变成血腥的"修罗场",如今那些捕鲸站遗址和累累白骨,已成为人类在南极洲的耻辱印记。

　　法国作家儒勒·加布里埃尔·凡尔纳笔下的南极充满幻想,但这些幻想并非毫无依据，而是有一定的科学基础。而雅克－伊夫·库斯托则一生致力于南极环保，努力保护这片净土。

中国与南极的首次接触可追溯至清朝晚期，宋耀如作为历史记录中首位涉足南极的中国人，其经历颇具传奇色彩。据记载，清光绪二年（1876年）夏天，宋耀如赴美途中，因航海路线与意外遭遇开启了这段特殊旅程。

彼时巴拿马运河尚未贯通，东亚至美国东海岸的航线需绕行南太平洋，经智利海域向南穿越麦哲伦海峡或合恩角进入南大西洋，再沿阿根廷海岸北上。这条原始航线的距离较现今运河航线多出一倍，本就充满艰险。当航船即将进入麦哲伦海峡时，一块南极漂来的浮冰突然撞击船舱，导致船舶失控向南极方向漂流，最终搁浅于南极圈内的一座小岛。

在被迫停留检修期间，宋耀如随船员登上这片神秘大陆。目之所及皆是银装素裹的冰雪世界，极地严寒彻骨，黑背白腹的企鹅遍布海岸。这段与南极的意外邂逅成为他终生难忘的经历。后来，宋耀如曾多次给友人及子女们讲述他到南极的亲身经历。他曾对后来成为他女婿的孙中山说："南极给我最深的印象是寒冷。如把头脑发热的人送到南极，他的头脑一定会冷静下来。南极是天然冷冻箱，是寒冷之极。" 孙中山风趣地称宋耀如为"南极仙翁"。

中国最早介绍南极的文章是1911年6月25日刊登在商务印书馆出版的《东方杂志》第八卷第五号的《南极探险之效果》，作者是浙江上虞人许家庆。文章详细介绍了南极洲的地理、历史、生物、地质等资料，并配有相关照片。

1935 年 1 月 30 日，美国极地探险家理查德·伊夫林·伯德第二次南极考察期间，从美国在南极的小美国基地寄出了一封信，这是中国收到的来自南极科学考察站的最早信函。该信经美国旧金山中转，于 1935 年 4 月 25 日到达山东德县（今德州）教会医院，历时 86 天。

　　中国参加南极科学考察的第一人是张逢铿。1958 年 12 月至 1960 年 3 月，他参加了国际地球物理年中的"深冻第四号计划"，在位于 80°S、120°W 的伯德站工作 15 个月，担任地震测勘队队长。他在南极测得的重力、磁力、震波等数据为相关研究提供了重要依据，完成的《南极冰层震波速度之研究》《冰层厚度及地质构造之分析》等论文获得了国际科学界的高度认可。为表彰他的贡献，美国政府将南极 77°44′ S、126°38′ W 的一座山峰命名为"张氏峰"，这是南极洲第一次以中国人名命名的山峰。1973 年，张逢铿出版了专著《南极玛丽伯德地区地球物理探勘研究》，并于次年获得美国政府颁发的金质奖牌和奖状。2019 年 9 月 10 日，张逢铿先生去世，享年 97 岁。

　　1976—1977 年、1978—1979 年、1981—1982 年、1984—1985 年，中国"海功"号曾 4 次前往南极洲，最远航行至 67°S 的罗斯海，进行南极渔业资源考察。

　　1985 年，中国在亚南极的乔治王岛建立了第一座科考站——长城站。截至 2024 年南极秦岭站建成开站，中国已在南极洲建立了 5 座科考站，并先后使用了"向阳红 10"号、"J121"号、"极地"号、"雪龙"号和"雪龙 2"号等科考船进行南极科考。我曾有幸作为中国第 16 次南极科学考察队队员，从长城站搭乘"雪龙"号前往中山站；也曾搭乘意大利、挪威、法国的邮轮前往南极半岛，观赏南极生物群落，欣赏南极美景，凭吊早期人类活动遗址。

1999 年 12 月 16 日，我从智利最南部城市蓬塔阿雷纳斯的空军基地，搭乘 C-130 "大力神" 运输机前往乔治王岛的长城站。2019 年 12 月 9 日，同样是从蓬塔阿雷纳斯空军基地起飞的一架 C-130 "大力神" 运输机在飞行途中失联，事后确认失事，机上 38 人全部遇难。

尽管 1902 年英国斯科特探险队和德国探险队都在南极升起了气球，但两国政府当时并未意识到南极科学探险已经进入飞行器时代。随着航空时代的到来，飞往南半球成为许多飞行员的首选目标。葡萄牙人解决了空中导航定位的难题后，飞机开始出现在南极洲。

第二次世界大战之前，只有澳大利亚、美国和德国在南极洲开展过飞行活动。第二次世界大战之后，随着航空技术的军转民，尤其是在国际地球物理年期间，飞机已经成为南极科考不可或缺的交通和考察工具。甚至最早的南极旅游就是智利开展的飞往南极的旅游项目，但南极空中观光也引发了南极洲最大的空难。

此外，阿波罗 11 号登月前，德国的冯·布劳恩为什么要去南极，为什么要在南极开展陨石回收？南极上空有个洞吗？谁持彩练当空舞？你都会在书中找到答案。

21 世纪以来，无人机开始在南极科考中广泛应用，虽然目前仍处于起步阶段，但其发展前景广阔，潜力巨大。

通过《南极探险简史》这两本书，读者可以深入了解南极探险和科学考察中航海和航空交通工具的历史。

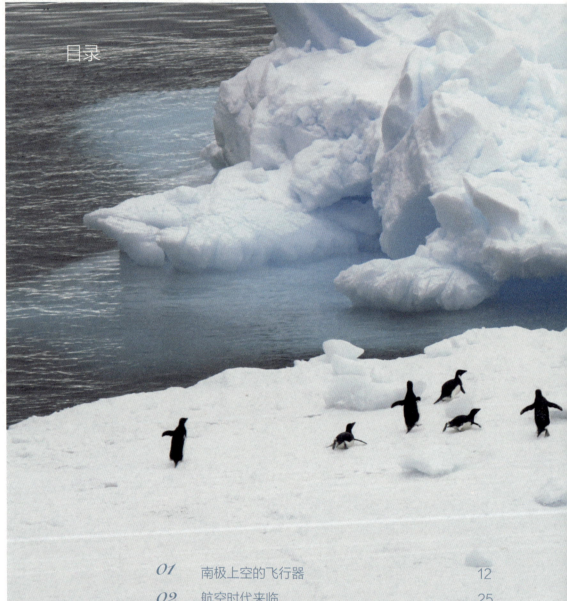

目录

南极上空的飞行器

人类终于"飞"起来了

1783 年 11 月 21 日，法国蒙戈尔菲兄弟发明的热气球顺利升空并安全着陆，这标志着人类实现了千百年来升空的梦想。

1789 年 7 月 14 日，法国大革命爆发。有一位名叫安德烈－雅克·加尔纳里安、曾服役于法国革命军的青年，被俘后关押在奥匈帝国布达佩斯的布达城堡监狱。在 3 年的拘押期间，他设计出多种气球和降落伞，企图凭借它们飞越监牢、逾越高墙。

被释放后，加尔纳里安回到法国巴黎，开始试验在监狱期间设计的气球和降落伞，并将其作为自己毕生的事业。1797 年 10 月 22 日，28 岁的加尔纳里安在巴黎蒙梭公园进行了一场惊险的表演，他在巴黎上空成功地完成了历史上首次气球跳伞。

加尔纳里安不仅是法国的气球驾驶员（当时被称为"飞天员"），还是闻名法国的第一个"气球家族"的"族长"，更是历史上第一个成功运用降落伞的人。他

1983 年法国发行《热气球升空 200 周年》邮票

改进了降落伞技术，发明了无骨降落伞，使高空安全降落成为可能。此外，加尔纳里安还开创了在气球上实施的若干新项目，包括多种杂技表演、降落伞跳伞，以及燃放焰火的夜间飞行等活动。

为了增加表演的刺激性，加尔纳里安年轻大胆的妻子杰安娜·拉布鲁斯也加入进来，不仅成为首位女跳伞员，还在 1799 年成为人类历史上第一个完成高空跳伞的女性。

加尔纳里安夫妇的表演吸引了大量观众，使他们成为欧洲各大国都知晓的名人。加尔纳里安通过张贴大量海报宣传他们的表演，海报上通常印有他的侧面像。就连法国第一任执政官拿破仑·波拿巴也被他们夫妇的表演所吸引。

1802 年 3 月，法国及其盟国西班牙、巴达维亚共和国（荷兰）与英国在法国北部亚眠签订了停战条约，史称《亚眠条约》。条约签订后不久，加尔纳里安便将气球和跳伞表演节目带到了英国伦敦。

1802 年 6 月 28 日，加尔纳里安在伦敦切尔西花园举行了首次表演，吸引了大批观众前来观看。当天风力很大，但加尔纳里安仍然无所畏惧地升飞到了天空中。他的气球沿着泰晤士河飘飞在城市上空，从伦敦西区飞到东区，然后向东北方向飞去，掠过了埃塞克斯郡的湿地。这次飞行效果显著，约有一半的伦敦民众看到了这次飞行。

2019 年北马其顿发行《纪念安德烈－雅克·加尔纳里安诞辰 250 周年》邮票首日封

　　45 分钟后，气球在埃塞克斯郡的科尔切斯特落地。加尔纳里安立即乘马车在当天返回伦敦，他豪气地告诉人们，他的气球已经破成了碎片——"人也浑身青一块紫一块"，不过不出这个星期，他就会再次飞行。他也真的在 7 月 5 日又一次在伦敦升飞。

　　加尔纳里安将富有吸引力的图像印在飞行表演的宣传海报上，使他的夜间飞行、高空跳伞和升飞高度广为人知。他还表示"无论到时天气如何，表演定将风雨无阻"。

　　1803 年，加尔纳里安的著作《三次空中历程》出版，书中谈到了他在伦敦的飞行表演，并以他妻子养的一只猫的口吻写了一段趣事："我是加尔纳里安太太的猫咪。可以说，我傍着气球生、伴着气球长。自出生之日起，我呼吸的便是富含氧气的纯净空气。听到女主人要升飞，我也决定共履危险……"

　　1804 年 12 月，拿破仑委派加尔纳里安督造并放飞一只华丽的大型无人气球，在巴黎升空以庆祝自己加冕为皇帝。这只气球装饰有丝绸帘幕、国旗、彩旗，还在吊篮顶圈下方用金链吊着一顶金皇冠。在加冕仪式进行时，这个别致的装置从巴黎圣母院成功升空，一路向南飞越法国大地，夜里竟凌空越过了阿尔卑斯山。第二天，人们看到它来到了罗马，仿佛顺应天意般降落在这座"帝都"。加尔纳里安成功了！

随后，这只气球缓缓飘向梵蒂冈的圣彼得广场，又低低掠过古罗马广场。然而，原本充满象征意义的一幕却急转直下：那顶悬挂在气球下方的皇冠被一座古罗马墓地的残垣勾住并断裂，减轻重量后的气球再次腾空而起，带着五彩缤纷的旗帜，消失在罗马城外的庞廷湿地上空。

当然，拿破仑也因为这个意外事件失去了对加尔纳里安以及新兴气球飞行的兴趣，更不用说将气球飞行和降落伞技术应用于科技、军事和日常生活领域了。

法国发行《纪念安德烈－雅克·加尔纳里安和他的妻子杰安娜·拉布鲁斯》邮票小型张首日实寄封

《纪念安德烈－雅克·加尔纳里安和他的妻子杰安娜·拉布鲁斯》极限明信片

气球在军事领域的应用，最早由法国人特维里特倡议。1794 年年初，法国人科德尔对气球用于军事的可行性进行了试验，结果令人满意。同年 6 月 26 日的弗勒鲁斯战役中，法军首次使用系留气球载人对奥军阵地进行侦察，开创了气球在战争中用于空中侦察的先河。

1859 年 6 月 24 日，在意大利索尔费里诺附近与奥军的会战中，法军首次将空中照相技术用于实战，这迅速提升了气球的军用价值。

在 1870 年的巴黎围城战中，巴黎与法国其他地区之间的正常通信被完全切断。为了联络法国其他地区的抵抗力量，巴黎城内的法军开始使用气球作为与外界联通的交通工具。普鲁士军队为了阻断这种通信，特别制造了带有摇架的火炮，用于射击空中的气球，但大多数时候炮弹都无法击中气球。在整个巴黎围城战期间，法军共放飞了 66 只气球，送出了 300 万封信，并撤出了 155 名被围人员，只有两只

1870 年 12 月 8 日气球邮政邮件

1870 年 12 月 14 日气球邮政邮件

气球被普鲁士军队炮火击落。如今，这些由气球送出的信件都已成为收藏品。关于巴黎围城战中的气球邮政，法国有专门的著作出版，书中详细列出了所有寄出的气球邮件，包括寄往中国香港地区的信件。从这本专著中可以了解到，当时最远的气球邮件是寄往南十字星下的阿根廷的。

为了纪念巴黎围城战时期那些维持巴黎与外界通信的气球及其飞行员，由法国著名雕塑家弗雷德里克·奥古斯特·巴托尔迪设计的巴黎围城气球纪念碑于1906年1月28日在巴黎落成。但不幸的是，1940年德国闪击法国，法国抵抗了一个月后宣告投降。随后，维希傀儡政府在1941年将这座纪念碑连同许多其他金属纪念碑一起拆除熔炼，用于制造德国急需的战争物资。

如今，我们只能通过当年的明信片来一睹这座精美的金属雕塑的风采了。不过，巴托尔迪的另一件作品——美国纽约曼哈顿的自由女神像仍然享誉世界，它是当年法国赠送给美国的国礼。

气球在战争中大显身手，其重要作用引起了各国军事专家的广泛关注和高度重视，许多国家纷纷在军队中建立了气球队。

1854年，有关气球的故事传入中国。1855年，上海墨海书馆出版的《博物新篇》一书介绍了氢气球。1885年中法战争时，法军曾在中国土地上使用过氢气球，这是在中国天空最早出现的军用气球。

巴黎围城气球纪念碑明信片

"EVA" 号首先升空

进入 20 世纪，人类开始进行南极探险时，也不忘带上气球。

1901 年 7 月，英国南极科学考察队（以下简称"科考队"）在罗伯特·斯科特的带领下乘坐"发现"号南极探险船前往南极，船上除各种物资外，还有两只气球。斯科特在其日记中对将气球装备用于南极考察有详细记录："携带气球去南极是约瑟夫·胡克爵士首次建议的，他的目的是从高空俯瞰南极冰障。为达到此目的，科考队筹集了必要的资金，我们觉得军用气球最适合，它是可承载单个观察员的小型系留气球。由于陆军部的资助，我们得以购买了一套完整的设备，包括两只气球，它们折叠整齐时占用的空间很小，以及一些装在高压钢瓶里的氢气，这些钢瓶占用的空间很大。事实上，如何在我们的船上存放超过 50 个钢瓶，一直是一个大问题。我们只好把这些钢瓶放在甲板室的顶上，并利用甲板上所有的空余空间，才解决了这个问题。"

为了在南极能够操作这些贵重的设备，在离开英国前，2 名军官和 3 名相关人员专门前往军方的热气球部门接受了短期课程培训。

1902 年 1 月 9 日，"发现"号南极探险船驶抵东南极大陆的阿代尔角，沿着海岸线向南行驶到了罗斯冰障前，贴着险峻、望不到头的高大的"冰长城"东行，搜寻罗斯在 19 世纪 40 年代初曾经见到的群山。

2 月 4 日一早，科考队开始为热气球升空做准备。受过训练的军官和相关人员以专业的方式开始了工作。首先，他们在雪地上铺了一大块帆布，把一些装满氢气的高压钢瓶搬出来放在帆布附近。然后，他们小心翼翼地将气球拿出来并放置在帆布上，用许多小管子把钢瓶连在一起。一个接一个高压钢瓶中的氢气被注入气球，气球开始变得充盈，在微风中摇摆。随着氢气逐渐充满球体，气球被居中放置，并被网罩住，科考队再使用沙袋压住网的边缘，增加稳定性。

这时气温在下降。受气体收缩影响，即使注入了 16 个高压钢瓶的氢气 [每个瓶内含有 500 立方英尺，标准状态（0℃、101.325kPa）下约 14.16 立方米]，气球仍然不饱满，气球表面也不够平滑，直到又加注了 3 个高压钢瓶的氢气，"EVA"这 3 个字母才得以在平滑无皱的气球表面清晰可见。

2001 年英属南极领地发行
《气球在南极首次升空》邮票

斯科特选择了把成为首位在南极地区进行升空的航空员这一荣誉留给自己，他在日记中写道："或许这个行为有些自私，并且我还可以进一步承认，在这样做的时候，我打算成为在任何地区进行第一次升空的人。当我在看似非常不稳固的吊篮里摇摆，并且向下看着迅速变小的身影时，我对自己是否作出了明智的选择感到有些怀疑。

"与此同时，气球继续上升，随着系在汽球上的钢丝绳逐渐放松，到大约 500 英尺（152.40 米）的高度时，钢丝绳的重量使气球停了下来；我听到下面传来'沙袋'这个词，便想起了我脚下的沙袋；想要获得更大的浮力，正确的做法应该是逐渐将这些沙袋从吊篮边扔掉，但由于缺乏经验，我不假思索地一把抓起这些沙袋，一股脑儿地将它们扔了出去，结果'EVA'突然向上冲去，当绳子拉紧时，气球开始以一种令人非常不舒服的方式摆动。

"然后，当绳子放松时，我再次上升，但只在不到 800 英尺（243.84 米）的高度便再次被绳子的重量所限制。显然，钢丝绳太重了，无法允许气球上升到更高的高度，而我们拥有的唯一较轻的绳子似乎在风力增大时并不完全安全。但即便如此，我的视野非常广阔，位于这个位置所获得的信息可能与位于更高位置获得的信息一样多。

"以下摘自我的日记：'在这里，可以清楚地看到南方冰障表面的特性。在船前方升起的斜坡以南，我原本期望看到一条连续的东西向或与冰障平行的大致东西向的线。由交替的光和阴影标示，随着距离的增加而逐渐变淡。在遥远的南方，一片云层看起来像高地，但这样的迹象如今已广为人知，必须审慎对待，甚至当我通过望远镜观察时，可以察觉到轮廓的微妙变化。在广阔的雪地上，一个小黑点代表了我们的雪橇队伍，他们已经离我们将近 8 英里（约 12.87 千米）远了，他们在灰色的雪地上，对比之下很容易被看到。'

"当我再次下降到平原时，沙克尔顿接替了我的位置，他还带着相机。虽然这些照片记录了事件，但冰障起伏的这种光与影的自然微妙差异，无法在空中拍摄的照片中完美呈现。其中一张照片给出了我们所在海湾的良好视角，另一张照片因其对雪面不均匀特征的再现而引人注目。这显示了我们必须拖动雪橇走过的许多英里崎岖的表面。

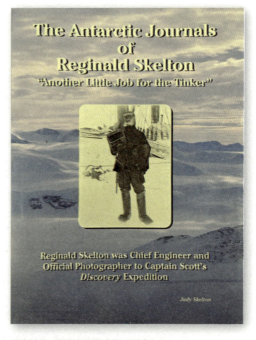

雷金纳德·斯凯尔顿的南极日记本

"我原本希望下午能让其他军官和队员升空，特别是我们的工程师斯凯尔顿先生以及他部门中那些为气球成功充气的人。然而，风力逐渐增强，我们不得不放弃了这个计划。"

在斯科特的日记中提及的斯凯尔顿先生，全名雷金纳德·斯凯尔顿，是斯科特所带领的南极考察队的总工程师和官方摄影师。雷金纳德·斯凯尔顿 1872 年出生于英国林肯郡，15 岁时加入英国皇家海军，在德文波特的基厄姆学习工程学。在海军基地服役数年之后，斯凯尔顿又被派往海峡中队，1892 年以助理工程师的身份退役。1900 年，他遇到了斯科特，被选为"发现"号南极探险船的总工程师，协助监督船舶的建造和机械设备的安装。1901 年，斯凯尔顿前往南极，将途中的所见所闻详细记入日记，而且作为摄影师的他还留下了诸多珍贵的图片资料。

斯凯尔顿在 1902 年 2 月 3 日和 2 月 4 日的日记中，对英国南极考察队首次使用气球升空的准备工作和升空情景都进行了详尽记录：

2月3日（星期一）

南纬 78° 13′，东经 196° 24.5′。

早晨风停了，但是一直很冷……中午，我们（的船）向一个小海湾驶去。经过这个海湾后，我们决定派一支雪橇队用一天时间把气球送上去。

（我们）整个下午都在忙着准备雪橇装备、粮食和其他装备等。气球组由我、沙克尔顿、拉什利，以及首席海员肯纳尔和希尔德组成。大家在奥尔德肖特接受了气球培训课程。

我们在下午 4 时左右到达海湾，雪橇队 5 时就赶着雪橇出发了。

气球组的人认为当天的天气不好，风太大，云太厚，预计明天天气也不会好起来。

2月4日（星期二）

南纬 78° 28′ 52″，东经 196° 15′。

早饭后不久，天气晴朗，无风，我们开始为气球升空做准备。拉什利是我的领班之一，精通气球操作，他在奥尔德肖特接受了气球培训课程。

折叠的气球被小心地拉出后放入网罩中，位于气球顶部的阀门被拧紧。在密封的阀门打开之前，高压钢瓶内的氢气是无法进入气球内部的。气球现在已经准备好进行氢气加注，用印度橡胶管将钢瓶气嘴和气球顶上的阀门相连接，当气体进入时，气球均匀地膨胀。

为了防止开始逐渐膨胀的气球上升，需要将沙袋通过钩子固定在网孔上。这些沙袋就像锚一样固定住了不断充气的气球，直到准备使用气球。

我们使用煤代替沙袋作为压舱物，每袋重约 30 磅（13.61 千克）。我们的气球的容量是 8000 立方英尺（226.53 立方米），这应该是足够的，但在这里的低温下，我们发现气体的体积减小，不得不进行了加注。

斯科特船长是第一个乘气球升空的，当气球上升到大约 200 英尺（60.96 米）的高度时，他大声说能看到一大片山，但在上升到 300 英尺（91.44 米）的高度时才发现那些山原来是厚厚的云层。在高达 600 英尺（182.88 米）处，有风吹来，气球因自身的重量开始下降。船长按照指示，把几个压舱物扔了出去。但是气球继续下降，我们突然看到一只手从吊篮里伸出来，猛地把一整袋压舱物扔了出去。我们大声叫他不要如此迅速地扔压舱物，斯科特回答："但是气球下降得太快了！"当然，气球马上又上升了，过了一会儿，他看够了，就下来了。

接下来，沙克尔顿进行了升空体验并拍摄了一些俯视照片。他到达了 650 英尺（198.12 米）的高度，看到远处的雪橇队正在返回，但没有发现陆地。该高度的温度是 15°F（约 -9.44°C），希尔德乘坐的气球随后上升了一小段时间，然后我们把气球锚住并准备吃午饭。午饭后，一阵风吹来，导致气球破裂。考虑到再次升空也没有什么可看的了，于是我们就把气球放气后收了起来。尽管过程令人紧张，但至少成功升起气球已令人满意。

英国在南极大陆的首次气球升空飞行至此画上了句号。在此之后，这一事件似乎并未激起太大的波澜。而雷金纳德·斯凯尔顿所拍摄的记录着气球"EVA"号在南极大陆升空瞬间的照片，直到 99 年后的 2001 年才出现在英属南极领地发行的邮票之上。

德国气球可以通电话

1901 年 8 月 11 日，德国南极考察队由埃里希·冯·德里加尔斯基带领，乘坐以"数学王子"约翰·卡尔·弗里德里希·高斯之姓命名的"高斯"号船，奔赴南极开展科学考察。

德国南极考察队准备了 2 个容量为 300 立方米的系留气球以及 455 个装有氢气的高压钢瓶用于气球充气。

12 月底，"高斯"号抵达南印度洋的克罗泽群岛和凯尔盖朗群岛。部分成员留在凯尔盖朗群岛驻扎，建立地磁观测站和天文台，旨在测量磁场绝对值及监测其短期变化。"高斯"号在德里加尔斯基的带领下继续向南极大陆西部挺进。

1902 年 2 月 21 日，德里加尔斯基将 85°E ~ 95°E 范围内的陆地命名为"威廉二世地"。到了 3 月 2 日，"高斯"号在 66.2°S、89.4°E（距海岸 85 千米）处被牢牢冻住，南极越冬已成定局。

2001 年德国发行《南极考察百年》邮票小型张

南极上空的飞行器

　　所幸"高斯"号设施完备，给养充足，且德里加尔斯基对盲目追逐"最南"纪录兴趣不大，更关注获取"水、土、空气三要素"的科学数据。他们在冰上建立小屋和风力发电站。3月18日，3名队员带着8只狗，拉着2架雪橇南行80千米，在66°40′S处发现一座高达300余米的火山锥并将其命名为高斯山。

　　1902年3月29日，德国南极考察队首次在南极开展载人气球飞行。德里加尔斯基乘坐吊篮升空，从50米高度开始，高斯山在地平线上逐渐清晰。他说可以看到新发现的高斯山，通过电话告诉了考察船上的人们。随后气球上升至500米，这是他升空的最高点。德里加尔斯基觉得此高度很暖和，甚至可以脱下手套。从该高度俯瞰，风景壮丽。

　　约2小时里，德里加尔斯基首次空中拍摄了南极鸟瞰图。之后，队员鲁瑟和菲利皮进行了另外两次飞行。因天气突变，他们不得不释放气球中的气体，飞行终止。

　　德国南极考察队的气球升空之旅就像一颗石子投入冰封的海洋，悄无声息，未引起太多关注。2002年，德国发行了一枚小型张以纪念南极考察百年，票图仅有"高斯"号，而意义深远的南极气球飞行仅被印在了一枚明信片上。

23

德国发行《南极考察百年》纪念明信片

德国《南极考察百年》邮票入围设计稿

航空时代来临

在人类逐梦蓝天的征程中，从不乏勇敢的先行者，但飞天之路荆棘丛生，危险重重，有时甚至需以生命为代价。

折翼的滑翔机之父奥托·李林塔尔

奥托·李林塔尔，1848 年 5 月 23 日出生于普鲁士王国波美拉尼亚省的安克拉姆（现为德国梅克伦堡 - 前波美拉尼亚州的一个城镇），那是一个与波罗的海相距不远的地方。自少年时起，李林塔尔便对飞行怀有浓厚的兴趣，尤其对研究鸟类的飞行能力深深着迷。

从柏林技术高等专业学院毕业后，李林塔尔自己经营了一家机械厂。凭借对飞行的热情和专业知识，他自行设计并制造了一台发动机，还深入研究了各类鸟类翅膀的结构和飞翔方式，以此为基础，制造出多架滑翔机。在 7 年的时间里，他先后制造了 18 种不同型号的滑翔机，并多次进行试飞。

1953 年西柏林发行《奥托·李林塔尔》邮票首日封

　　1889 年，41 岁的李林塔尔根据自己 20 多年来的研究和试验，将飞行力学和空气动力学相联系，撰写了《鸟类飞行——航空的基础》一书。1891 年，他与弟弟古斯塔夫共同制造了一架弓形翼面的双翼滑翔机。这架滑翔机最终飞起来了，准确一点说，是"腾空"了，首次升至比起飞点更高的空中，开启了人类滑翔史上的新篇章。在随后的几年里，李林塔尔不断改进滑翔机的设计，在 1893—1896 年的 3 年间进行了 2000 多次滑翔飞行试验，进行了 3 次总体布局的改进，并拍摄了许多照片，积累了大量数据。他还编制了《空气压力数据表》，为美国、英国、法国等国家的航空爱好者们提供了宝贵的参考资料。

　　1894 年，李林塔尔驾驶滑翔机从 50 米高的山坡上滑翔而下，飞行距离达到了 350 米，最远一次甚至达到了 1000 米。他的名字随着新闻报道迅速传遍全球。然而，1896 年 8 月 9 日，在一次新型滑翔机的试验中，李林塔尔不幸发生了意外，从约 17 米的空中坠落，滑翔机损毁严重，他也受了致命伤——脊椎断裂，于次日去世，享年 48 岁。在临终前，他留下了"少许牺牲是必须的"的遗言。李林塔尔被安葬在位于柏林的兰克维茨公墓。

1991 年德国发行《奥托·李林塔尔首次飞行百年》小型张邮折

在柏林北郊里希特菲尔德的奥斯多佛村庄，有一座于 1914 年立起的纪念碑，碑体由花岗岩制成，上面镌刻着莱昂纳多·达·芬奇的诗句：

伟大的鸟，将会首度飞起，

从山的背后，

让整个宇宙为之惊诧，

他的荣誉被记载在所有的文字中，

他的光芒将永远笼罩在他的出生地。

——莱昂纳多·达·芬奇

此外，在奥斯多佛村庄的另一端，当年李林塔尔进行滑翔机飞行试验的土坡已被改建为飞行纪念园，以纪念这位航空先驱者的贡献。

柏林最主要的机场以"奥托·李林塔尔"命名。机场大厅内陈列着一座李林塔尔铜像，记录了他陨落前的最后瞬间。

Berlin-Lichterfelde. Lilienthal Denkmal.

奥斯多佛村庄里的奥托·李林塔尔纪念碑

飞行纪念园

并不被世人看好的莱特兄弟

莱特兄弟，哥哥威尔伯·莱特（1867年4月16日—1912年5月12日）和弟弟奥维尔·莱特（1871年8月19日—1948年1月30日），出生于美国俄亥俄州代顿市的一个牧师家庭，兄弟俩从小就痴迷于机械运动原理。

1889年，弟弟奥维尔在大学三年级退学后，在哥哥的帮助下开始从事印刷生意。1890年，莱特兄弟开始研究李林塔尔的飞行器概念图，对飞行的兴趣与日俱增。1894年，他们开设了莱特自行车修理店（后发展为莱特自行车公司），开启了追求梦想的道路。

1900年，莱特兄弟制造了第一架滑翔机，并在基蒂霍克海边进行了首次短暂飞行，虽然只有几秒钟和1米多高，但已超越了试图靠移动身体重心操纵飞行的李林塔尔。1901年，他们改进滑翔机后，飞行高度达到了180米。

自1903年夏季开始，莱特兄弟着手制造著名的"飞行者一号"双翼机。1903年12月17日，他们在美国北卡罗来纳州的基蒂霍克成功试飞了"飞行者一号"。当天，他们进行了多次飞行试验，其中一次飞行试验是在30千米/时的风速下，"飞行者一号"飞行了260米，用时59秒。"飞行者一号"是首次依靠自身动力，用比空气重的材料制作的持续滞留在空中不落地的飞机，它也是世界上第一架动力飞机。这一成就不仅完成了李林塔尔的未竟使命，还开启了人类航空新纪元，为后续的航空技术发展奠定了基础。

1904年5月，莱特兄弟制造了装配有新型发动机的"飞行者二号"，在代顿附近的霍夫曼草原进行试飞，"飞行者二号"最长的持续飞行时间超过了5分钟，飞行距离达4.4千米。

1904年冬季，莱特兄弟制造了"飞行者三号"。这架飞机在进行了近50次试飞后，解决了转弯时飞机失速的问题，可以不费力地进行圆圈飞行和8字飞行。在1905年10月5日的试飞中，"飞行者三号"更是实现了在空中持续飞行38分钟、飞行距离达38.6千米的惊人成绩。

1906年，莱特兄弟在美国申请的飞机专利得到承认。

　　然而，那时美国没有人对此感兴趣，甚至有些美国权威专家断言：人类依靠重于空气的机器进行飞行，不仅不可能，而且极不合理。机械飞行是不可能实现的！

　　1908 年 8 月 8 日，在法国巴黎附近的勒芒赛马场，哥哥威尔伯驾驶"莱特 A"型飞机在赛马场上空持续飞行了 1.5 分钟，飞行高度为 10 米，令在场观众惊叹不已。这一消息通过电报迅速传遍全球。英国伦敦《每日镜报》惊呼那架飞机是"迄今为止最神奇的飞行器"。此后，威尔伯又陆续完成了几次飞行，其中一次，他还带着法国经纪人的夫人一同飞行，这次他们在空中持续飞行了 123 秒——法国沸腾了。一时间，颁奖、授勋络绎不绝。整个 8 月，威尔伯在法国进行了 100 多次飞行表演，在欧洲掀起了一场航空热潮。英国、法国纷纷表露出购买他们飞机专利的意愿，但都被莱特兄弟委婉拒绝了，他们认为美国才应该从这项发明中获益。

　　与此同时，他们的飞机在美国也受到了欢迎：奥维尔在迈耶堡阅兵场周围驾驶飞机飞行了整整 55 圈，创下了连续飞行 1 小时的世界纪录。在另一次飞行表演中，他从弗吉尼亚州的迈尔斯堡起飞，穿越华盛顿的波托马克河，这一壮举吸引了无数观众为之欢呼雀跃。就连当时的美国总统威廉·霍华德·塔夫脱也称赞"这对杰出的美国兄弟全身心地投入了飞机制造事业"。至此，莱特兄弟声名大振。

威尔伯驾驶"莱特 A"型飞机在法国巴黎附近的勒芒赛马场成功飞行

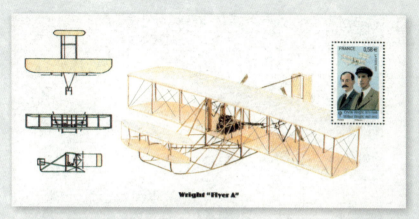

Wright "Flyer A"

2010 年法国发行《红十字附捐（航空先驱）》邮票，其中 1 枚为莱特兄弟图案的邮票小型张

当莱特兄弟成功制造出第 6 架飞机时，美国军方开始意识到这一发明的巨大潜力。美国陆军部表示有兴趣观看他们的飞行表演。1909 年 3 月，美国陆军部正式向莱特兄弟下了订单。莱特兄弟在飞机上增加了专为瞭望员和机枪手准备的特别座位，从而为飞机在军事领域的应用奠定了基础。1909 年 7 月 30 日，莱特兄弟向美国陆军部交付了第一架军用飞机，并帮助训练了第一批军事飞行员。

随后，莱特兄弟成立了莱特飞机公司（莱特公司），并签订了在法国建立飞机公司的合同。不过，作为商人，他们很快意识到自己在市场开发方面经验不足。竞争对手迅速"借鉴"了他们的飞机设计技术，所制造的飞机在性能上逐渐超越了莱特兄弟的产品。

1911 年，威尔伯染上了伤寒，于 1912 年 5 月 12 日去世，年仅 45 岁。弟弟奥维尔性格内向，不善交际，3 年后，他将公司出售给了纽约的一位金融家。此后，奥维尔在代顿的一所住宅中度过了余生，于 1948 年 1 月 30 日去世，享年 77 岁。

1939 年，时任美国总统的富兰克林·德拉诺·罗斯福通过总统宣言，将每年的 8 月 19 日定为美国国家航空日，这是为了纪念航空先驱奥维尔·莱特，将他的生日定为纪念日。在这一天，美国所有的建筑和设施都要悬挂美国国旗，并鼓励公民通过组织活动来增进对航空的兴趣，以此纪念这一特殊的日子。

"19 号"小飞机是现代超轻型飞机的鼻祖

来自巴西的飞行家

1906 年，巴西航空先驱阿尔贝托·桑托斯·杜蒙（1873—1932 年）制成了一架带前翼的盒形双翼风筝式飞机。因他曾用自己的第 14 号飞艇悬吊这架飞机进行飞行试验，故将这架飞机命名为"14-比斯"，这便是欧洲首架动力飞机。

1906 年 9 月 13 日，杜蒙驾驶"14-比斯"在巴黎市郊布洛涅森林的比加特里广场飞行了约 7 米；10 月 23 日他又驾驶该飞机飞行了近 60 米。11 月 12 日，他再次在同一地点飞行，创下留空 21.2 秒、飞行约 220 米的纪录，在欧洲引起了巨大轰动。法国航空俱乐部因其首次完成 100 米飞行的壮举，授予他"杜特生-阿芝迪肯奖"。

此后，杜蒙尝试制造一架新型双翼机，但未能成功起飞；他又尝试打造一款介于飞机与飞艇之间的飞行器，却在地面试验中受损。随后他专注于超轻型飞机的研发，于 1907 年 11 月成功制造出一架翼展仅 5 米、以竹竿为机身的"19 号"小飞机。尽管这架飞机没有取得巨大成功，但该机型仍被视为现代超轻型飞机的鼻祖。

2006 年巴西发行《阿尔贝托·桑托斯·杜蒙成功制造欧洲第一架动力飞机百年》邮票

　　杜蒙在取得辉煌成就后，公开宣布他的飞机设计不申请专利，可向所有人免费提供。这位长期旅居法国的巴西人，即便功成名就，也心系祖国。1928 年，他回到巴西，在里约热内卢北郊的彼得罗波利斯定居，继续沉浸于发明创造的热爱之中。

　　然而，杜蒙对飞机在战争中所展现出的巨大破坏力深感痛心与失望，这使他决定彻底放弃飞机设计工作。1932 年 7 月 23 日，这位为航空事业作出卓越贡献的杰出人物，在巴西瓜鲁亚以自杀的方式结束了自己的生命。

　　杜蒙去世时适逢巴西内战，听到噩耗后，交战双方决定停战一天，共同表达对这位伟大的航空先驱的哀悼之情。战争结束后，巴西于 1932 年 12 月 21 日在里约热内卢为杜蒙举行了国葬。葬礼十分隆重，飞机在送葬队伍的上空缓缓盘旋，撒下无数鲜花，为这位伟大的航空先驱送别。

2023 年葡萄牙发行《阿尔贝托·桑托斯·杜蒙诞辰 150 周年》邮票

33

2023 年巴西发行《阿尔贝托·桑托斯·杜蒙诞辰 150 周年》邮票小型张

"高德隆"式飞机

中国早期的航空活动

1909 年 3 月，清政府首次批准当时在美国留学的厉汝燕公费前往英国学习航空技术。1909 年 4 月，清政府又从留法学生中选拔了秦国镛、潘世忠、张绍程、姚锡九等人赴法国学习航空技术。同时，陆军部向驻英国大使刘玉麟发出电报，拨款白银 4 万两购置一架新型飞机，该飞机于 1911 年春季装运回国。

1911 年 4 月 6 日，被派遣至法国学习航空技术的秦国镛学成归来，在北京南苑驾驶法国制造的"高德隆"式飞机进行了飞行表演，他因此成为在中国国内成功驾机升空的第一人。

1911 年 10 月 10 日，辛亥革命全面爆发。在这个风起云涌的革命时期，为了汇聚更强大的力量，扩大革命声势，起义军和爱国华侨陆续组建了 4 支航空队伍。同年 11 月，武昌都督府率先成立航空队，由刘佐成担任队长，装备了 2 架法国制造的"萨默"式飞机。当月，中国同盟会美洲总支部在美国旧金山成立华侨革命飞行团，由谭根担任统领，购置了 6 架美国"寇蒂斯"飞机。同年 12 月，广东军政府成立了飞行队，冯如作为队长，装备了自己研制的单翼机和双翼机各 1 架。同样在 12 月，沪军都督府也成立了航空队，厉汝燕任队长，装备了 2 架奥地利制造的"鸽"式单翼机。

冯如是广东恩平人，他堪称中国第一位飞机设计师、飞机制造师以及飞行家，被尊崇为"中国航空之父"。1896 年，年仅 12 岁的冯如便随亲戚前往美国旧金山谋生。1906 年，冯如在纽约学习机器制造后，重返旧金山，开始广泛收集关于设计、制造和驾驶飞机的资料。1907 年，他在旧金山以东的奥克兰建立了飞机制造厂。1908 年 5 月，冯如在奥克兰租下厂房，成立广东制造机器厂，并着手进行飞机制造。1909 年，他正式成立了广东飞行器公司并担任总工程师，全身心投入飞机制造工作中。1909 年 9 月，冯如成功制造出中国人设计的第一架飞机，并命名为"冯如1 号"，在奥克兰南郊进行了第一次试飞。1909 年 9 月 21 日傍晚，他进行了第二次试飞，飞机在不超过 15 米的高度飞行了 805 米。1909 年 10 月，冯如联合他人，将广东飞行器公司扩充为广东制造机器公司。1910 年 7 月，冯如参考寇蒂斯"金箭"和莱特兄弟的"飞行者一号"，制造了第二架飞机。10—12 月，冯如驾驶这架飞机在奥克兰进行飞行表演，获得巨大成功，受到孙中山先生和旅美华侨的高度赞许，同时荣获美国国际航空学会颁发的甲等飞行员证书。1911 年 1 月，广东制造机器公司制成"冯如 2 号"飞机。1911 年 1 月 18 日，冯如驾驶该飞机在奥克兰的艾劳赫斯特广场公开试飞。美国《旧金山星期日呼声报》以冯如及其飞机、巨龙作为压题照片，以《他为中国龙插上了翅膀》为标题，整版详细介绍了冯如的生平事迹。1911 年 2 月 22 日，冯如带领广东制造机器公司的技术人员朱竹泉、司徒璧如、朱兆槐，携带 2 架飞机（其中 1 架在装配过程中）以及制造飞机的器材设备等，乘船离开旧金山，踏上归国之旅。1911 年 11 月 9 日，冯如携带飞机积极投身于辛亥革命。

1912 年 8 月 25 日，冯如在广州燕塘进行飞行表演时因飞机失事不幸牺牲，被追授陆军少将军衔，其遗体安葬于广州黄花岗烈士陵园，并立有纪念碑，他被尊称为"中国始创飞行大家"，9 月 24 日，在冯如蒙难地举行了追悼大会。

1912 年清帝退位后，2 月 15 日，临时参议院选举袁世凯为临时大总统。到了1913 年 4 月，袁世凯在扩充军队过程中，采纳了军事顾问法国人白里苏提出的国防潜航政策建议，即发展潜艇和飞机。6 月，财政部拨款 27 万元，从法国购买了 12 架"高

《1909 年德国法兰克福首届航空展》纪念邮资明信片

德隆"式飞机。同时，参谋本部第四局在北京南苑陆军营房附近修建校舍和修理厂，并将练兵场扩建为飞机场，创办了中国第一所航空学校——南苑航空学校，秦国镛担任校长，厉汝燕、潘世杰等人担任飞行教官，于 1913 年 9 月开始招收学员。

葡萄牙人的飞行梦

1909 年 7 月 10 日至 10 月 17 日，德国在莱茵河畔的法兰克福举行首届航空展，吸引了约 150 万人参观。

葡萄牙陆军部长派遣工程中尉佩德罗·法瓦·里贝罗·德·阿尔梅达前往参加。期间，他参观了多个航空俱乐部，结识了一批朋友，并产生了在葡萄牙成立类似俱乐部的想法。1909 年 12 月 11 日，他和 17 名成员（主要是工程军官）共同组建了葡萄牙航空俱乐部，旨在协调葡萄牙未来的航空产业。

2009 年德国发行《法兰克福航空展百年》邮票首日封

　　随着欧洲航空业的发展，尤其是 1909 年法国成立军用航空局，对葡萄牙产生了一定的影响。时任葡萄牙总统安东尼奥·何塞·德·阿尔梅达在议会上呼吁成立葡萄牙军用航空局，该局主要为陆军和海军提供空中支援。

　　20 世纪初，葡萄牙对航空领域的热情不断升温，仿佛重新点燃了数百年前大航海时代的精神。到 1912 年年底，葡萄牙已购入 3 架飞机：英国的"阿芙罗500"型双翼飞机、法国的"莫里斯·法尔芒 MF4"型双翼飞机和"迪帕杜辛 B"型单翼飞机。

　　1913 年 1 月 28 日，葡萄牙成为第 18 个加入国际航空联合会（FAI）的国家。2 月 8 日，葡萄牙成立了陆军和海军军官委员会，以研究飞行学校的校址选择和飞机采购事宜，为组建空军飞行学校做准备。1914 年 5 月 14 日，葡萄牙颁布了一项法律，正式成立了军事航空学校。该学校于 1916 年 8 月 1 日建成并投入使用，除开展气球操作和飞行培训外，还建设了配套机场。

　　阿图尔·德·萨卡杜拉·弗莱雷·卡布拉尔担任学校的飞行教官兼教学主任。他曾在法国博斯首府沙特尔的军事航空中心获得证书，并在获得首个飞行员执照后，前往圣拉裴尔海军航空学校学习水上飞机操作。此外，他还参加了其他培训

1909 年 7 月 10 日至 10 月 17 日，德国在法兰克福（莱茵河畔）举行首届航空展的招贴画

项目，并在布克航空学校专门学习了驾驶飞行速度更快的飞机，期间驾驶了法国制造的"布莱里奥"飞机和"高德隆 G3"飞机。

空中力量的演变

1914 年 6 月 28 日，奥匈帝国皇位继承人弗朗茨·斐迪南大公及其妻子索菲亚在访问波斯尼亚和黑塞哥维那的首府萨拉热窝时，遭塞尔维亚无政府主义者加夫里洛·普林西普刺杀。这一萨拉热窝事件成为第一次世界大战的导火索。交战双方分为以德意志帝国、奥匈帝国、奥斯曼帝国和保加利亚王国为核心的同盟国集团，和以英国、法国、俄罗斯帝国为核心的协约国集团。

战争初期，飞机作用微小，多用于侦察、通信及炮校等辅助任务，法国元帅斐迪南·福煦甚至认为"对于陆军，飞机毫无价值"。然而，1915 年 5 月，德国开始生产新型且快速的福克战斗机。该战斗机配备螺旋桨遮断器，可使子弹从不断转动的桨叶间安全射出。这种战斗机一度助力德军夺取制空权。

协约国空军一方面调派新型战斗机，另一方面将所有战斗机组成特殊飞行中队，集中攻击同盟国空军。法军在 1916 年 2—10 月发生的凡尔登战役中首次试验这种空战，英军在 1916 年 6—11 月发生的索姆河战役中几乎将德国空军逐出空中。但是英法联军在 1916 年的空中优势并未维持太久。德军以改良的单座战斗机和组成特殊作战中队的战术进行反击，转战于有待获得制空权的前线地区，这种作战方式被称为"空中马戏团"，其中最著名的是里希特霍芬战斗机联队。

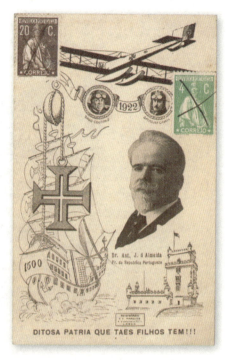

葡萄牙总统安东尼奥·何塞·德·阿尔梅达

阿图尔·德·萨卡杜拉·弗莱雷·卡布拉尔于 1922 年由莫桑比克寄往葡萄牙里斯本的明信片

空战手绘明信片

　　1917 年，空中战术发生重大变化，从单打独斗转变为五六十架飞机的密集编队飞行。1918 年 4 月，里希特霍芬阵亡。当时的德国空军凭借这支战斗机联队在第一次世界大战最后 9 个月击落 500 多架英法飞机，展现出强大的实力。然而，同盟国最终战败，双方于 1918 年 11 月 11 日在法国巴黎郊外的康边森林签署了停战协议。至此，飞机从最初不被看好转变为令人刮目相看的重要军事力量。

伟大的空中竞赛

第一次世界大战结束后，航空技术逐步转为民用，新式飞行器吸引了大众目光，为飞行员翱翔天际提供了绝佳契机。

1918 年，英国皇家空军展开前往印度的探索性飞行，之后从英属印度吉大港（今属孟加拉国）乘船前往暹罗（今泰国）、马来西亚、新加坡、荷属东印度群岛（今印度尼西亚）和婆罗洲（今加里曼丹岛），旨在探索通往澳大利亚的空中航线。期间船上燃料爆炸，差点酿成悲剧。

1919 年年初，澳大利亚政府宣布，首个从英国飞抵澳大利亚的机组可获 1 万英镑奖金，要求飞行时间不超过 30 天，飞行员必须是澳大利亚人，且需在 1920 年 12 月 31 日午夜前着陆。这场充满名利诱惑的竞赛点燃了先锋飞行员们的激情，这些"空中牛仔"得自己规划飞行路线，靠目视地标导航，在空中寻找着陆场，因缺乏固定的加油站，还得精准把控飞行距离和燃油量，避免燃油耗尽而坠机。在飞行途中，一旦飞机出现故障，飞行员往往需要自己进行修理，因为没有专业的机械师可以提供帮助。飞行中如果飞行员受伤，也很难得到及时的医疗救助。当然更没有全球定位系统。这些挑战可以说是"玩儿命"，但正是他们用勇气与冒险精神推动了航空技术发展，其经验与故事一直激励着新一代飞行员和探险家。

英国皇家空军的博顿将军热衷于参与这项挑战，但因自己并非澳大利亚人，便将目光投向了部下罗斯·史密斯上尉。罗斯·史密斯上尉年仅 27 岁，是澳大利亚空军中功勋卓越的军官，曾担任"阿拉伯的劳伦斯"的专职飞行员。而罗斯的兄弟基思中尉，在英国皇家空军中担任飞行训练教官，当时正在英国等待战后返回澳大利亚。兄弟二人成了最理想的参赛人选。

经过协商，维克斯公司答应为这次飞行挑战提供一架维克斯"维梅"双翼飞机。这架飞机配备两台罗尔斯－罗伊斯发动机，翼展达 67 英尺（约 20.42 米），重量约为 6.5 吨。罗斯·史密斯上尉担任飞行员，基思中尉担任领航员，吉姆·贝内特和沃利·希尔斯中士担任航空机械师，飞行机组就这样成立了。

1919 年 11 月 12 日，一场史诗般的飞行拉开帷幕。当天，6 架飞机从英国伦敦附近的豪恩斯洛的伍德布里奇空军基地起飞。

在这场空中竞赛中，两架飞机不幸坠毁，其机组成员全部遇难。第三架飞机在爱琴海的克里特岛坠毁，所幸机组成员未受伤。第四架飞机因卷入南斯拉夫（现已解体）的政治事件，机组成员被当地警方拘捕，后虽获释，但在继续比赛后，飞机坠毁于荷属东印度群岛的巴厘岛，机组成员虽只受轻伤，但不得不退出竞赛。第五架飞机历经 206 天才完成旅程，最终因获得第二名而赢得 1000 英镑奖金。

这场竞赛的背后，是挑战未知空中航线所要面对的巨大风险与代价。

1919 年 11 月 12 日出发前，罗斯机组成员在飞机的机翼和机身涂上了字母"G.E.A.O.U."。罗斯开玩笑说，这 5 个字母是"God' Elp All Of Us（上帝保佑我们所有人）"的缩写。当时，他们没有收音机，只能通过手持指南针来指引方向。

为了在飞行安全与任务成功之间找到平衡点，同时满足载重限制的要求，他们必须做出艰难的选择。罗斯将飞机总重控制在 13000 磅（约 5896.70 千克），而除 4 名机组成员外，飞机还需搭载备件、个人工具包、装备及邮件。然而，即便如此精打细算，飞机仍超重了 300 磅（约 136.08 千克）。无奈之下，机组成员只能减少携带的个人物品。本就所剩无几的个人物品，仅剩下身上穿的衣服和

2019 年新加坡发行《首次航空邮件百年》纪念张

一套洗漱用品。为了进一步减轻飞机的重量,他们不得不丢弃一套重达 100 磅(约 45.36 千克)的无线电通信设备,这导致他们在飞行途中无法与外界取得联系,增加了飞行的风险和不确定性。

整个航线被划分为 4 段:第一段是从英国伦敦到埃及开罗,第二段是从埃及开罗到印度加尔各答,第三段是从印度加尔各答到新加坡,第四段是从新加坡到澳大利亚。从印度加尔各答开始,飞行员便只能依靠自身的安排来应对临时着陆点的选定、燃料和食物的补充以及备件的使用等事宜。

最后两个航段是最艰难的。由于这两个航段沿线多为茂密的森林和崎岖不平的地面,可供选择的着陆点极为稀少。在某些情况下,着陆场甚至被设置在了缅甸仰光和新加坡的赛马场跑道上。

从新加坡到澳大利亚的航段距离长达 2500 英里(4023.36 千米),机组成员计划在荷属东印度巴达维亚的荷兰飞行学校停留。然而,一旦从巴达维亚起飞,之后的航程就再也没有真正的飞机跑道可供飞机降落了。

为了尽量缩短从巴达维亚到澳大利亚的 1750 英里(2816.35 千米)的航程,机组成员将这段距离一分为二,安排在荷属东印度松巴哇岛的比马港降落。如此一来，飞机所需携带的燃料得以减少，这不仅减轻了飞机自身的重量，还能为 4 位飞行员腾出更多的休息空间。尽管沿途没有额外的降落跑道，但罗斯仍然认为他们可以穿越这 1750 英里，就像约翰·阿尔科克爵士在 1919 年 6 月驾驶同款飞机飞越大西洋那样。

11 月 12 日起飞后，麻烦接踵而至，特别是在新加坡降落时。罗斯曾形容，在新加坡降落和起飞让他恐惧，因为赛马场对于大型飞机来说太过狭小。降落时，他以尽可能低的速度使飞机下降，在飞机接触地面之前，机械师贝内特爬出驾驶舱，沿着机身顶部滑向机尾，用身体重量迅速压低机尾，以帮助飞机停下来。最终，飞机在地面上滑行大约 100 码（约 91.44 米）后停了下来。飞机起飞同样惊险，他们必须以极大的仰角艰难避开篱笆、树梢和房屋。

罗斯感慨，他们能在起降过程中多次化险为夷，实在是上天的眷顾。

12 月 10 日，4 位飞行员打起精神，准备从荷属东印度起飞，跨越辽阔的印度洋，飞向澳大利亚的达尔文港，以结束这段漫长的航程。基思完成方位测定，观察风向并仔细计算对地速度后，对准达尔文港设定罗盘航向，大喊一声"出发"，飞机便飞向了浩瀚的大海。

12 月 10 日 11 时 48 分，机组成员看到航线正下方出现一片烟雾，原来是"悉尼"号战列舰喷出的烟。这艘战列舰仿佛是迎接他们归家的故交，令机组成员心生慰藉。12 时 12 分，飞机低空掠过战列舰，水手们的面孔和挥手动作都清晰可见。或许是因激动过度，机组成员拍摄的照片因相机抖动而模糊不清。

下午 2 时 36 分，飞行日志记录"我们看到了澳大利亚"。3 时整，飞机开始在达尔文港上空盘旋下降，机组成员望见下方等待的人群和预定着陆点。从豪恩斯洛起飞至今，已过去 29 天 20 小时，他们飞越 17910 千米，跨越重洋，终于抵达。

12 月 10 日，飞机成功降落在了澳大利亚的土地上，罗斯机组赢得了这场"伟大的空中竞赛"。

飞行日志还记载："当时，海关和卫生部门的两位官员热情高涨，迫不及待地想要见我们，可大约 2000 名普通市民同样急切。面对 1000 比 1 的人数优势，这两位官员机会渺茫，我们自然是被欢迎人群带走了。"

罗斯·史密斯在达尔文港着陆后，立即向澳大利亚总理发去电报，提议发行特殊邮票纪念这次飞行。然而总理将其理解为航空邮件纪念日戳。他下令刻制椭圆形日戳，上圈刻"FIRST AERIAL MAIL"，下圈刻 "GREAT BRITAIN TO AUSTRALIA"，意为"从英国到澳大利亚的第一批航空邮件"。而罗斯·史密斯的本意是发行纪念邮票。

等到罗斯·史密斯把他的想法转达给总理时，为邮票做准备已经来不及了。即便还有时间，是否要印制纪念邮票也是不确定的。于是，作为折中方案，总理下令印制一种纪念封签。这种封签由钞票印刷分厂用深蓝色油墨印刷，采用水印纸，尺寸与小型张相似。它的图案是英国和澳大利亚的地图，中间有一个火炬，上方是一架飞机，文字是"FIRST AERIAL POST/12 NOV-10 DEC 1919/ENGLAND-AUSTRALIA"，意思就是1919年11月12日至12月10日自英国到澳大利亚的首次航空邮件。

在印制的576枚纪念封签中，364枚被贴到了史密斯兄弟在不同阶段飞行运送的邮件上。其中，21封邮件来自英国，11封邮件被认为来自新加坡。剩下的纪念封签中，87枚送给了机组成员，125枚被怀疑毁掉了。不过，比尔·霍纳奇在他所著的《澳大利亚地方邮票》中提到，有22枚未用过的这种封签曾在伦敦出现过，它们属于一个曾在政府当雇员的人。

1920年2月25日，史密斯兄弟抵达墨尔本。总理府将纪念封签贴在史密斯兄弟运来的邮件上，用特殊的日戳盖销，并把这些邮件放进新的信封里，然后寄往各自的目的地。

这次惊人的长途飞行成为澳大利亚开发北部国内航线的催化剂。机组成员自然成了英雄，史密斯兄弟被封为爵士，澳大利亚政府发行的纪念封签被视为正式发行的邮票，成为记录早期航空探索活动的珍邮，变得一票难求。

然而，1921年，罗斯·史密斯爵士在试飞维克斯公司的"维京"两栖飞机时，因飞机旋转失控而坠亡。1969年，在空中竞赛50周年之际，英国、澳大利亚，以及伊拉克、伊朗、巴基斯坦、泰国、印度尼西亚等飞行经过的国家纷纷发行邮票予以纪念。1978年，新加坡发行了4枚航空邮票，其中1枚就是维克斯"维梅"首航。

1969 年巴基斯坦发行首次英国至澳大利亚飞行 50 周年邮票首日封（1919—1969 年）

1969 年印度尼西亚发行首次英国至澳大利亚飞行 50 周年邮票首日封（1919—1969 年）

　　2019 年正值那次空中竞赛及首次海外邮件飞行传递百年纪念，参赛途经的新加坡以及终点国家澳大利亚，分别举办了隆重的纪念活动。新加坡为此发行了邮票、小型张，同时还推出了电子邮票及邮资明信片。澳大利亚则发行了邮票、小型张、限量版大本票，以及流通纪念币和纪念银币，这些纪念品的面世让我们得以重新回顾那些"空中牛仔"的风采。

1978 年新加坡发行 4 枚《航空》邮票，
图为其中的《维克斯"维梅"首航》

2019 年新加坡发行首次航空邮件百年电子邮票首日实寄封

1969 年空中竞赛 50 周年之际，澳大利亚、伊拉克、伊朗、巴基斯坦、泰国发行的邮票

2019 年澳大利亚发行英国至
澳大利亚首航百年纪念银币

葡萄牙航海家首次飞往南半球

飞越大西洋

1914—1918 年，航空业取得了显著的进步，其中的关键案例之一是"NC-4"型水上飞机的诞生。这款水上飞机由格伦·寇蒂斯设计，寇蒂斯飞机与发动机公司和汽车公司负责制造，其初衷是为了应对盟军航运在潜艇战中所面临的威胁。为了符合美国海军的要求，这架固定翼飞机被精心设计，具备依靠自身动力跨越大西洋从美国飞往欧洲的能力。阿尔伯特·C.里德指挥的这次远征队由 4 艘同型号的 NC型水上飞机组成，分别是"NC-1"型水上飞机、"NC-2"型水上飞机、"NC-3"型水上飞机和"NC-4"型水上飞机。这次远征是对水上飞机性能的一次重大考验，也是航空史上的一次重要尝试，尽管面临诸多挑战，但最终"NC-4"型水上飞机成功完成了横跨大西洋的壮举，为航空业的发展书写了浓墨重彩的一笔。

1919 年 5 月 8 日，4 艘水上飞机从美国纽约罗卡韦海军航空站起飞，经加拿大纽芬兰岛的特拉诺瓦，于 5 月 16 日飞往葡萄牙亚速尔群岛。由于天气恶劣，

2019 年葡萄牙发行《首次
跨大西洋飞行百年纪念》
纪念邮资明信片

1969 年英国发行《纪念约翰·阿尔科克和阿瑟·布朗
首次不着陆跨大西洋飞行 50 周年》邮票

1919 年 5 月 27 日，只有"NC-4"型水上飞机和 6 名机组成员再次起飞并降落在葡萄牙里斯本。这艘水上飞机以 180 千米 / 时的平均巡航速度和约 1193 千瓦的总推进力，在 22 小时内完成了 4000 余千米的航程，成为第一架横跨大西洋的固定翼飞机。此次飞行未使用天文导航，而是沿途每隔 60 英里（96.54 千米）部署 60 艘船，必要时采用无线电定向导航。

　　1919 年 6 月 14 日，英国飞行员约翰·阿尔科克和阿瑟·布朗利用无线电定向导航成功完成了第二次跨大西洋飞行的壮举。二人驾驶一架经改装的维克斯公司制造的"Vimy Ⅳ"型双引擎轰炸机，该飞机装配了两台功率各达 268 千瓦的劳斯莱斯"鹰式"发动机，动力强劲。他们在 16 小时内不间断飞越 3040 千米，从纽芬兰岛直抵爱尔兰。

　　飞行结束后不久，二人于温莎城堡接受皇室嘉奖。国王乔治五世亲自授勋，封他们为爵士，并授予大英帝国骑士勋章，以表彰其卓越成就。此外，他们还赢得了《每日邮报》的 10000 英镑竞赛奖金。此次竞赛由该报经营者倡议，旨在奖励首位在 72 小时内驾驶飞机从美国、加拿大或纽芬兰岛任意地点飞越大西洋，抵达大不列颠岛或爱尔兰岛的任意地点的飞行员。

阿尔伯特·C.里德的飞行因耗时超 72 小时，且动用了多架飞机，故无法获得《每日邮报》的奖金。

上述两次飞行都是在外部导航的帮助下进行的。

筹备向南飞行

美国"NC-4"型水上飞机首次跨大西洋飞行抵达里斯本后不久，巴西总统对葡萄牙进行正式访问。两国政府达成协议，计划进行一次里斯本至里约热内卢的穿越南大西洋的飞行，以纪念巴西独立 100 周年，弥合两国之间曾经存在的裂痕，加强友好关系，并推动葡萄牙航空业发展。

1919 年 6 月 6 日，葡萄牙海军部依据政府文件指示，要求萨卡杜拉·卡布拉尔中校组织里斯本至里约热内卢的首航。外交部还任命萨卡杜拉·卡布拉尔为葡萄牙在伦敦、巴黎和华盛顿的航空大使。

在这段总长约 8300 千米的飞行中，非洲至巴西间的航段最为艰难。佛得角群岛因当时属葡萄牙管辖，成为非洲一侧的理想起点。不过，当时人们普遍认为，由于导航设备精度不足，在海上飞行 2330 千米后，很难精准找到面积小于 10 平方千米的巴西费尔南多 – 迪诺罗尼亚群岛降落，因此作为飞行员的萨卡杜拉·卡布拉尔中校提议，从佛得角群岛的普拉亚市直接飞往巴西海岸，这要求飞机具备超过 1500 海里（2778 千米）的航程。

选择何种航空器和哪条航线

陆上飞机虽具备更优的空气动力性能，能在相同发动机功率下实现更远航程或载重，但劣势在于陆上飞机发生故障时需依赖着陆场。这意味着中途停留仅限于已知有合适的机场或预先为飞机安全着陆准备好的地点，如里斯本至摩洛哥西部城市 Mogador[原名 Essaouira（索维拉）] 的 450 海里（833.40 千米）航段；Mogador 至塞内加尔达喀尔的 1150 海里（2129.80 千米）航段；以及达喀尔至巴西海岸的超过 1600 海里（2963.20 千米）航段。

而这次飞行计划因巴西政府未指派导航联络官来配合葡萄牙政府而推迟。葡萄牙官方认为，要想在这次飞行中取得成功，必须先进行一次侦察踏勘，以分析和选择可以在巴西境内停留的所有地点，为飞机安全降落准备着陆场和备降机场。

水上飞机有着能在水上降落以修理故障、降低损失的优势。葡萄牙政府考虑诸多变量与飞行风向后，决定选用水上飞机。经过对所有水上飞机性能及此次飞行特征考察，葡萄牙政府计划购买航程超 1600 海里（2963.20 千米）的水上飞机，但 1919 年年底，萨卡杜拉·卡布拉尔中校确认当时英国、法国、意大利制造商无法满足需求。之后，萨卡杜拉·卡布拉尔获葡萄牙政府批准，有 5000 英镑经费用于购买飞机及相关运输等。准备工作从选水上飞机开始，同时制造商着手研发长航程的水上飞机，最终选定英国制造的"维克斯 Vicking"型水上飞机和"费尔雷 IIID"型水上飞机，它们装配罗尔斯 – 罗伊斯发动机，受葡萄牙飞行员青睐。

葡萄牙政府向费尔雷飞机制造商提议供应两架水上飞机，要求每架水上飞机空重不超 4000 磅（约 1814.37 千克），且两架水上飞机在载满 7000 磅（约 3175.15 千克）、风速不超 13 节（风速达到 37m/s ~ 41m/s）的情况下能起飞，其中一架水上飞机将用于从葡萄牙起飞跨越南大西洋首航。然而，试飞时水上飞机未达最大载重规定，经更换发动机、改油箱位置、调燃料系统等改良，在更强风力的辅助下，"费尔雷 IIID"型水上飞机才起飞。出发前几日，在理想条件下进行了 3 次试飞，又根据飞行员的意愿改装以减轻重量。该飞机最终被命名为"卢西塔尼亚"，此名源于罗马帝国一个省名。为保障水上飞机的旅程，葡萄牙政府派出了"共和"号、"十月五日"号巡洋舰与"本戈"号炮舰。"共和"号作为支援舰，搭载专家与各种必要的备件，其余两舰则提供有限的服务。

葡萄牙政府精心做了航线支持计划。其中，"共和"号巡洋舰从里斯本驶向佛得角群岛待命；"十月五日"号巡洋舰与"本戈"号炮舰则从里斯本开往西班牙加那利群岛的拉斯帕尔马斯，该地距非洲海岸 210 千米，同样等待水上飞机的到来。

当水上飞机抵达拉斯帕尔马斯后，计划中的一艘舰艇将前往佛得角群岛接替"共和"号，而"共和"号则继续前往巴西的费尔南多－迪诺罗尼亚群岛，该群岛距离巴西海岸约 340 千米，继续为飞行任务提供支持。根据这一详尽的计划，各舰艇将在大西洋航程中为飞行员及水上飞机全程保驾护航。到了 1922 年 3 月 25 日，本次飞行的完整路线正式确定为：从里斯本起飞，经加那利群岛、佛得角群岛，再到巴西的费尔南多－迪诺罗尼亚群岛，最终抵达巴西本土。

身处何方

在航空器与航线之外，如何在飞行中导航成了亟待解决的关键问题。早期，航海家们依靠河流、海岸线、岩石、树木等可见地标确定船只行驶的方向和位置。在看不见陆地的情况下，他们通过测量水深、观察风向与波浪形状，以及追踪太阳在天空中的运动来推断位置。夜间则以星辰为指引。随着技术进步，航海家们发明了多种设备，以便更精准地测量船只的位置及船只在航线上的行进情况。他们开始使用磁罗盘来确定方向，并设法测量太阳或星星在地平线上的高度角，以及确定和记录其位置，并在航海图上规划航线。15 世纪，葡萄牙探险家沿非洲海岸南下，探寻向东航线。然而，当接近赤道进入南半球时，北极星就会消失于地平线下，葡萄牙航海家不得不探索新的导航方式。

1480 年，在葡萄牙王子亨利的指挥下，葡萄牙天文学家已经找到了一种"程序"（实际上被称为"偏角"），可以根据太阳直射点在赤道线南北移动的位置，按季节确定自己的纬度。简单地说，航海家可以通过装置（象限仪）确定自己的"高度"（纬度），即太阳可到达的最大高度（在当地正午时间），然后对太阳直射点的位置（根据季节在赤道线的北侧或南侧）进行简单的修正。

与船舶导航一样，自从有飞行记录以来，人类就一直在研究飞行导航。人们总想象自己能像鸟儿一样在云间盘旋、翱翔。然而，当时的自导航装置均为海军海上应用装置，因难以确定正常飞行高度下的天空线，这些装置无法应用于航空领域。

1919 年 5 月，萨卡杜拉·卡布拉尔中校在里斯本逗留期间见到了阿尔伯特·C.

1922 年葡萄牙发行《卡洛斯·维加斯·加戈·库蒂尼奥和萨卡杜拉·卡布拉尔》照相版明信片

雷德，并了解了他的纽约—里斯本空中之旅的一些情况，特别是水上飞机缺乏内部导航手段的问题，而在这段旅程中，空中导航全靠船只的大力支持。自 1919 年起，空中导航的方法和设备成为萨卡杜拉·卡布拉尔和卡洛斯·维加斯·加戈·库蒂尼奥关注的焦点，他们开始着手解决一个新的、有趣的航空问题。

加戈·库蒂尼奥于 1869 年 2 月 17 日在葡萄牙首都里斯本贝伦区出生。1885 年，他高中毕业后进入理工学校学习，为进入海军学院做准备，并于 1886 年 10 月 30 日入伍。1887 年 12 月中旬，他作为学员完成了前往伦敦的首次海上航行。1888 年 12 月 7 日，他登上"阿方索·德·阿尔布克尔克"号轻型护卫舰，前往莫桑比克，加入东非海军陆战队。

在其众多旅行中，有两次旅行非常著名：一次是在奥古斯托·德·卡斯蒂略海军上将指挥的"明德卢"号护卫舰上，进行了首次罗安达（非洲安哥拉首都）至里约热内卢（1763—1960 年为南美洲巴西首都）的跨大西洋航行，大部分时间使用六分仪导航；另一次是 1896 年在"佩罗·德·阿伦奎尔"号运输船上，完全使用

2023 年葡萄牙发行《纪念卡洛斯·维加斯·加戈·库蒂尼奥和萨卡杜拉·卡布拉尔的成就》纪念邮资明信片

六分仪导航，沿着瓦斯科·达·伽马前往印度的历史路线进行跨大西洋航行，为他在《航行纪念碑》一书中发表的研究成果提供了重要启示，打下了基础。

1884 年 11 月，柏林会议确立了国际法的"有效占领"原则，讨论列强瓜分非洲的一般原则，并呼吁进行更有效的领土划分。1898 年，受葡萄牙国王卡洛斯一世委派，加戈·库蒂尼奥负责这项工作。

1898—1920 年，加戈·库蒂尼奥两次穿越非洲，徒步近 5300 千米，观测了 3000 多对恒星；他有 6 年时间是在丛林中度过的，期间他住在户外的帐篷里。加戈·库蒂尼奥是葡萄牙地理研究的主要推动者，他提议设立地理工程师学位，地理工程课程于 1921 年在葡萄牙诞生。他所积累的知识为他进一步的学习奠定了基础，其冒险精神促使他不断挑战自我，利用各种交通工具探索世界，最终被飞机这一伟大发明所吸引。1917 年 2 月 23 日，加戈·库蒂尼奥与飞行员萨卡杜拉·卡布拉尔一同在葡萄牙维拉诺瓦达雷尼亚军事航空学校，驾驶莫里斯·法曼飞机完成了首次飞行。

加戈·库蒂尼奥视航空为有待开拓的新科学领域，渴望将自己在海上与陆地积累的丰富知识及研究成果融入其中。在非洲执行地理探测任务期间，他频繁使用六分仪，深知其在陆地和海洋中的应用潜力，坚信其在航空领域也有用武之地。然而，传统海军六分仪因难以在正常飞行高度确定天空线而无法直接应用于航空。为此，加戈·库蒂尼奥创新性地开发了精密六分仪，这种新型仪器能够在无须依赖海平线的情况下测量恒星的距离。同时，他还与萨卡杜拉·卡布拉尔共同研制了"路径校正器"，它利用图形计算飞机机体纵轴与飞机飞行方向之间的夹角，同时能够综合考虑风的强度和风向对飞行的影响。这些先进的导航仪器在 1920 年 7 月 21 日至 1921 年 1 月 21 日的一系列短途飞行中接受了实际测试。1921 年 3 月 22 日，加戈·库蒂尼奥成功完成了一次从里斯本到马德拉群岛的试验性飞行，两地相距 520 海里（963.04 千米）。在这次飞行中，里斯本至马德拉群岛的航线被设计为一条完美的直线，为了精确验证飞机的位置，沿途部署了 3 艘船只进行监控，结果飞行任务取得了圆满成功。1922 年 3 月 30 日，加戈·库蒂尼奥凭借其卓越贡献晋升为海军少将。

首次飞越南大西洋

1922 年 3 月 29 日，一切飞行准备工作就绪，首次从欧洲大陆飞越南大西洋的飞行定于次日天气良好时从里斯本启程。

1922 年 3 月 30 日 7 时，萨卡杜拉·卡布拉尔和加戈·库蒂尼奥在里斯本贝伦塔附近塔霍河的海军航空站开启了横跨南大西洋之旅的首航。萨卡杜拉·卡布拉尔坐在"卢西塔尼亚"号水上飞机的前舱担任飞行员，加戈·库蒂尼奥坐于后舱担任领航员。飞行中，两人以飞行日志和笔记簿两种书面方式进行交流，二者互为补充，其中笔记簿主要用于快速阅读。

3 月 30 日至 4 月 18 日，萨卡杜拉·卡布拉尔和加戈·库蒂尼奥驾驶"卢西塔尼亚"号水上飞机飞行在从欧洲大陆经非洲佛得角群岛到巴西东海岸外岛的南大西洋上，直至在巴西佩内多斯岛附近的圣彼得和圣保罗岩群的海面上沉没。

5 月 11 日，萨卡杜拉·卡布拉尔和加戈·库蒂尼奥借助新到的"葡萄牙"号水上飞机恢复飞行，却在飞行途中遭遇暴雨，发动机熄火，所幸被从加的夫驶往里约热内卢的"巴黎"号货轮救起。

2022 年葡萄牙发行《纪念首航南大西洋百年》邮票

2022 年葡萄牙发行《纪念首航南大西洋百年》邮票小型张

　　6月2日夜间，葡萄牙船"Carvalho de Araújo"号抵达费尔南多－迪诺罗尼亚群岛，该船载有第三架水上飞机——"费尔雷17"型，此飞机由巴西总统埃皮塔西奥·佩索阿的妻子命名为"圣克鲁斯"号水上飞机。

　　6月5日，萨卡杜拉·卡布拉尔和加戈·库蒂尼奥继续驾驶"圣克鲁斯"号水上飞机从费尔南多－迪诺罗尼亚群岛飞往巴西累西腓，至此，南大西洋的最后跨越由"圣克鲁斯"号水上飞机完成。

"从欧洲大陆飞越南大西洋首航成功后的加戈·库蒂尼奥（左）和萨卡杜拉·卡布拉尔（右）"老照片

　　6月8日，"圣克鲁斯"号水上飞机从巴西累西腓前往巴伊亚州首府萨尔瓦多，因天气恶劣，萨卡杜拉·卡布拉尔和加戈·库蒂尼奥在萨尔瓦多停留了5天。6月13日，他们进行了一次平静的飞行，历经4个飞行阶段，飞越了葡萄牙发现巴西的一系列重要历史城市，最终抵达塞古罗港。6月15日，从塞古罗港飞往维托里亚的航线再次经过了葡萄牙发现巴西的一系列重要历史城市。

　　1922年6月17日是航程的最后一个飞行阶段，"圣克鲁斯"号水上飞机从维托里亚港飞行250海里（463千米）前往当时巴西的首都里约热内卢。在飞过圣多美角后，领航员遇到了雨雾区，有时飞行员不得不将水上飞机的飞行高度降至50米以下，以免迷失海岸线。整个飞行阶段，飞机都是在浓雾中飞行的。17时01分，领航员发现瓜纳巴拉湾入口处的一座小岛，但浓雾使其失去参照物；几分钟后，浓雾减弱，领航员发现他们正在瓜纳巴拉湾上空飞行，离里约热内卢很近。萨卡杜拉·卡布拉尔决定绕里约热内卢一周，然后将水上飞机降落在恩克斯达斯岛前的巴西海上航空公司机库处。

　　随着"圣克鲁斯"号水上飞机降落并在水中滑行，这段被称为"从欧洲大陆飞越南大西洋"的首航旅程圆满结束。萨卡杜拉·卡布拉尔和加戈·库蒂尼奥在巴西多地受到英雄般的热烈欢迎。

首次穿越南大西洋的旅程历时 79 天，但飞行时间仅为 62 小时 26 分。他们先后驾驶了 3 种不同的水上飞机——"卢西塔尼亚"号、"葡萄牙"号和"圣克鲁斯"号，仅凭精密六分仪导航。这是航空史上的一个重要里程碑，标志着六分仪首次用于空中导航，使飞机在看不见陆地的情况下也能通过设备导航确定位置。

巴西航空先驱阿尔贝托·桑托斯·杜蒙与这两位葡萄牙航海家私交甚好。他在一封信中称赞道："里斯本－里约热内卢航线的开通再次证明了葡萄牙人的传奇胆识和航空科技的杰出成就。万岁！加戈·库蒂尼奥和萨卡杜拉·卡布拉尔！"

1922 年，一位法国新闻记者记录了首次成功飞越南大西洋的壮举，称其并非冒险或碰运气，而是像完成信使任务一样严谨；葡萄牙人严格按照航线和时间飞行，他们的旅程就像在一艘船上旅行一样，有固定的燃料供应和预先确定的中转站；他们一刻也没有偏离航线，哪怕是一英里，出色地完成了任务。

同年 8 月，杜蒙访问里斯本，谈及欧洲到南大西洋的首次飞行及导航问题。他认为这是勇气和献身精神的证明——它的巨大价值是因为它解决了航空学的一大难题，使他相信所有航空科学问题都能迎刃而解。

首航中国澳门

1923 年，加戈·库蒂尼奥和萨卡杜拉·卡布拉尔打算进行环球飞行。然而，萨卡杜拉·卡布拉尔在 1924 年 11 月 15 日因驾驶一架为环球飞行购置的飞机时在北海坠毁而不幸身亡；之后，加戈·库蒂尼奥失去了环球飞行的兴趣，原因是没有了他的朋友，这一切都不再有意义。

同样在 1924 年，布里托·派斯和萨门托·贝雷斯将中国澳门之行视为未来葡萄牙环球飞行尝试的目的地。4 月 7 日，机长布里托·派斯和驾驶员萨门托·贝雷斯乘坐法国布雷盖飞机公司生产的"布雷盖 16BN2"型飞机从新米尔方特岛出发，开启了中国澳门之旅，并将飞机命名为"祖国号"。5 月 7 日，飞机因发动机故障在印度坠毁。5 月 30 日，他们换乘英国德·哈维兰公司制造的"德·哈维兰DH9"型飞机继续飞行，该飞机被命名为"祖国 2 号"。6 月 20 日，台风阻碍了"祖

2024 年葡萄牙发行
《纪念首航澳门百年》
纪念邮资明信片

国 2 号"的降落，飞机在距离中国香港边境约 800 米处坠毁，他们被迫结束首航中国澳门的尝试。6 月 25 日，他们乘船抵达中国澳门。

布里托·派斯、萨门托·贝雷斯和机械师曼努埃尔·古维亚经北美返回葡萄牙，途中访问了中国、日本、美国和英国等国的葡萄牙人社区。他们在极其不利的大气条件、沙尘暴和未经处理的导航地图下，于 117.41 小时内飞行了 16760 千米，并于 9 月 9 日抵达葡萄牙。

首次夜航南大西洋

1926 年 2 月 16 日，萨门托·贝雷斯着手起草环球飞行计划草案，内容涵盖机型选择、机组配置、航段划分（含全球补给站点）、预算规划及技术保障方案。2 月 19 日，该方案正式提交至葡萄牙航空武器管理局军事航空检查委员会进行评估，并于 3 月 10 日同步抄送陆军部备案。受气象因素影响，原定飞行路线于 6 月 8 日调整为顺时针环球航线，具体包含 3 段线路。第一段是穿越大西洋、巴西、阿根廷和智利，全程 12000 千米。第二段是穿越太平洋，途经塔希提岛、澳大利亚、帝汶岛，

2002 年几内亚比绍发行
《纪念 1927 年首次夜航
南大西洋》邮票

并停留 4 天更换发动机。其中最长一段达 3084 千米，是从智利的胡安 – 费尔南德斯群岛到复活节岛。第三段航线包括新加坡、锡兰（今斯里兰卡）、印度果阿、卡拉奇（今属巴基斯坦）、伊朗布什尔、亚历山大勒塔（今伊斯肯德伦）、突尼斯比泽尔塔和葡萄牙里斯本。6 月 14 日，军事航空检查委员会正式向陆军部申请专项飞行经费。此时，前期方案的审批与修订已促成葡萄牙与德国、法国、意大利、英国等国飞机制造商达成多项法律协议，四国政府也了解了完整的飞行计划。最后，陆军部于 7 月 23 日发表了一份非正式声明，称葡萄牙政府已批准本次环球旅行。最终选定德国多尼尔飞机制造公司生产的升级版"多尼尔 – 海象"型水上飞机执行任务，该机被命名为"阿尔戈斯"号。

1927 年 3 月 2 日，萨门托·贝雷斯联同豪尔赫·卡斯蒂略、杜瓦莱·葡萄牙、曼努埃尔·古维亚 3 位机组成员，基于此前首航南大西洋的经验，开启了具有里程碑意义的夜航南大西洋的挑战。

1927 年 3 月 16 日至 17 日夜间，葡萄牙飞行团队驾驶飞机在大西洋的浩瀚天空中持续飞行了 2595 千米，从非洲的几内亚一路飞向巴西的费尔南多 – 迪诺罗尼亚群岛。

此次飞行是首次在完全看不到陆地的环境下专门采用天文导航的方式进行飞行。加戈·库蒂尼奥在其撰写的报告中表达了这样的观点："……我坚信，这绝对是首次有飞机在大洋上空连续飞行整整一夜，全程仅依靠天文导航，而这种天文导航方式已得到充分证实，是绝对可行且可靠的……"

这次具有里程碑意义的飞行实践，有力地证明了不论是白天飞行还是夜晚飞行，无论照明条件如何，仅凭精密六分仪进行的空中导航都是切实可行且值得信赖的。

推广应用

1927 年，在罗马召开的第四届国际航空大会上，加戈·库蒂尼奥和豪尔赫·德·卡斯蒂略积极倡导葡萄牙在空中导航领域的科学方法，即在首次横渡南大西洋的过程中使用精密六分仪和路径校正器。与此同时，J. 劳博·达维拉·利马在该大会的空中导航分会场提交了一篇题为《葡萄牙对空中导航发展的贡献》的论文。随后在 1932 年于罗马举办的第一届国际越洋飞行员大会上，葡萄牙人所撰写的关于 1922 年和 1927 年两次航行南大西洋的收获及其空中采用的导航方法的论文荣获了最高荣誉。20 世纪 30 年代，世界多家主要航空公司纷纷采用了葡萄牙人的空中导航方法。

截至 1930 年，共有 12 个国家购买了精密六分仪。德国航空航天协会在吕贝克国家技术及航海专业高等学院开设了航空导航课程，并将对加戈·库蒂尼奥的精密六分仪及路径校正器的讲解纳入课程内容。

葡萄牙海军拥有精密六分仪的开发权，并与德国知名的 C. 普拉斯公司签订了精密六分仪生产合同。事实上，加戈·库蒂尼奥一直向 C. 普拉斯公司提供（由他本人或豪尔赫·德·卡斯蒂略实施的）精密六分仪的所有改进项目，直至 1938 年。第二次世界大战结束后，精密六分仪逐渐实现了实用化应用。航空运输机开始配备透明塑料圆顶，无须对读数进行修正，正如加戈·库蒂尼奥所预测的那样。

需要指出的是，加戈·库蒂尼奥未曾为精密六分仪申请专利。1932 年 8 月 17 日，加戈·库蒂尼奥晋升为海军中将；1958 年 4 月 22 日，葡萄牙国民议会决定授予加戈·库蒂尼奥为海军上将军衔。1959 年 2 月 18 日，加戈·库蒂尼奥在他 90 岁生日的第二天于里斯本去世。

为了缅怀加戈·库蒂尼奥上将，葡萄牙海军以其名字命名了两艘军舰——为水文研究所服务的 A523 号调查研究船和 F473 号护卫舰。

2009 年葡萄牙发行《纪念卡洛斯·维加斯·加戈·库蒂尼奥逝世 50 周年》纪念邮资明信片

美国航天员眼中的加戈·库蒂尼奥和他的精确星盘

弗兰克·博尔曼曾担任 1968 年 12 月 21 日至 27 日首个绕月飞行的"阿波罗 8 号"太空船的指挥官。1969 年 2 月，在加戈·库蒂尼奥诞辰一百周年之际，弗兰克·博尔曼来到葡萄牙，并在葡萄牙国家土木工程实验室举办了一场讲座。讲座中，他阐述了加戈·库蒂尼奥的精密六分仪的空中导航原理在"阿波罗 8 号"飞行中的应用，称其为"葡萄牙天才在世界上首次将精密六分仪应用于航空领域"。精密六分仪在航空领域首次应用 50 年后，又成功应用于航天领域。弗兰克·博尔曼将精密六分仪安装在望远镜上，并详细说明这些仪器与计算机相连接，计算机显示的最终误差精度为 0.001°。

1971 年，哈佛大学的弗朗西斯·米莱·罗杰斯撰写了《精确星盘：葡萄牙航海家与跨洋航空》一书。该书由葡萄牙国际文化学会在里斯本出版，并由马萨诸塞州陶顿的 W.S. 苏尔沃尔德在美国发行。

休伯特·威尔金斯首航南极

道格拉斯·莫森：飞机变成空中拖拉雪橇

1911年6月，欧洲正沉浸在对飞机这一新兴事物的追逐热浪中。彼时，英国南极探险队的著名领导者罗伯特·法尔肯·斯科特的妻子凯瑟琳，在与前来拜访她丈夫的澳大利亚南极探险队组织者道格拉斯·莫森交流时，提出了这样一个建议：可以通过在澳大利亚组织飞行表演来筹集南极探险资金。

莫森对此建议深以为然，决定带一架单翼飞机前往南极。但命运弄人，这架承载着希望的飞机在澳大利亚阿德莱德的飞行表演中不幸坠毁，且损坏程度已超出可修复的范围。然而，莫森并未轻易放弃，他灵机一动，决定将飞机的机翼拆除，利用剩余部分组装成一辆机动雪橇。莫森满心期待这台被他命名为"空中拖拉雪橇"的机械装置能够发挥独

1961年澳大利亚南极领地发行《道格拉斯·莫森》邮票

特作用,吸引广大澳大利亚公众将目光投向神秘而遥远的南极。

只是,失去了飞机这一关键装备,莫森的探险队也失去了快速探测大面积南极地域的可能性。然而,从长远来看,飞机的引入对南极大面积冰封陆地和海洋的测绘和调查工作无疑产生了革命性的深远影响。回溯过往,在飞机尚未投入应用之时,对南极的探索和研究犹如一场漫长而艰辛的征程,往往需要耗费数月甚至数年的时间。科学家们只能在南极的夏季开展实地考察,而这些考察活动又极易受到天气以及冰面条件的限制,每一步都举步维艰。但随着飞机技术成功应用于南极探索领域,这一局面得到了根本性扭转,测绘和调查工作的时间被大幅压缩,效率得到了极大提升。

信任危机

在莫森的澳大利亚探险队与首飞南极的荣誉失之交臂之际,英国人约翰·拉克伦·科普走进了大众的视野。他曾是 1914 年沙克尔顿南极探险队中罗斯海小组签约的外科医生和生物学家。他在 1920 年 1 月对外宣布,正在组建预计于 1921—1922 年开始南极探险的"大英帝国南极探险队"。该探险队预算为 10 万英镑,计划招募 50 名成员,探险时长预计 6 年。科普宣称,这将是迄今为止规模最大、持续时间最长的南极探险之旅,他们将调用 12 架飞机飞越南极点,对未知的南极内陆地区进行测绘和拍摄。科普还提及,计划在当地建立永久性基地。

按照科普的规划,永久性基地的建立将使英国拥有至少 3/4 的南极大陆地域,这将是有史以来规模最大的一次土地占有行为。然而,英国皇家地理学会拒绝批准科普的探险方案,并且不同意由他担任探险队队长,这对于科普的南极探险计划而言是极为沉重的打击。最终,科普组织的南极探险队伍规模大幅缩水,仅剩下 4 人,而且他们不得不设法在 1920 年 12 月抵达南极半岛的南设得兰群岛。

挪威的捕鲸富商拉尔斯·克里斯滕森同意在前往南极半岛的欺骗岛捕鲸站的途中搭载科普的队伍至欺骗岛。即便在如此艰难的境况下,科普仍向《纽约时报》描绘了一个宏伟的南极探险计划,包括 5 艘船、由 120 人组成的南极探险队以及 75 万美元的预算。

科普的南极探险队中有一位经验丰富的澳大利亚探险家休伯特·威尔金斯。由于科普未能提供他所承诺的资源，如足够的船舶和飞机，引发了队伍内部的信任危机。在这样的局面下，威尔金斯与科普分道扬镳，随后前往美国，期望在那里组建自己的南极探险队。

沙克尔顿之死

1921 年 9 月 18 日，沙克尔顿乘坐的"探索"号探险船扬帆起航，众多英国民众齐聚泰晤士河岸边，目睹这一盛况。威尔金斯受沙克尔顿之邀，匆忙赶到伦敦登上船只。然而，航行之路并不顺畅，"探索"号探险船先是停靠葡萄牙里斯本修理主机，后又在巴西里约热内卢大修主机，停留时间长达一个月。为了追赶行程，沙克尔顿决定取消原定的南非开普敦停靠计划，而是直接向南航行，力求在南极的夏季抵达目的地。但这样一来，他们就没办法在开普敦将事先运到的飞机运上探险船，也就错失了借助飞机谋求领土主权的机会。

1984 年英控福克兰群岛（阿称"马尔维纳斯群岛"）属岛发行《沙克尔顿墓地》邮票

位于南乔治亚岛小镇古利德维肯港的沙克尔顿墓地的墓碑

在里约热内卢停留期间，沙克尔顿突发心脏病，好在及时得到救治。然而，当"探索"号探险船最终停靠在南乔治亚岛的古利德维肯时，沙克尔顿的心脏病再次发作，这一次他不幸离世，年仅 47 岁。

1922 年 3 月 5 日，在古利德维肯举行了一场简短的告别仪式后，沙克尔顿的遗体被安葬。这里是他功成名就的地方，他的遗孀希望他能永远安息于此。位于希望角的沙克尔顿纪念碑顶端矗立着一个巨大的十字架，铜质铭牌上刻着"探险家欧内斯特·沙克尔顿爵士"字样。

威尔金斯终于首飞南极

在南极的飞行计划历经两次挫折后，威尔金斯决定暂时将目光投向北极地区。

1928 年 4 月 15 日至 22 日，他携手美国飞行员卡尔·本·艾尔森，从美国阿拉斯加州的巴罗角出发，驾驶洛克希德"织女星"单翼飞机跨越北冰洋。经过20.5 小时、2500 英里（约 4023.35 千米）的飞行后，他们最终降落在距离挪威以北 400 英里（约 643.74 千米）的斯匹次卑尔根绿港，成为首次从美国穿越北极抵达欧洲的人。

1928 年 6 月，英国国王授予威尔金斯爵士头衔，并在英国首都伦敦为其举办了盛大的庆祝晚宴。晚宴上，英国殖民地部部长利奥·艾默里将威尔金斯穿越北冰洋的壮举与 1513 年瓦斯科·巴尔博亚首次发现太平洋的伟绩相提并论。

威尔金斯在宴会上郑重宣布，北极探险的使命对他而言已然完成，他即将踏上南极飞行之旅，去寻找适合建立气象台站的地点，这一举措将惠及南半球各大地区的人们。

当威尔金斯抵达美国纽约时，百老汇大街上人头攒动，纸带飞舞，欢迎的场面蔚为壮观。纽约市市长更是亲自主持了盛大的欢迎仪式。而报业和电台巨头威廉·伦道夫·赫斯特意识到因资金短缺南极飞行竞赛（美国海军军官理查德·伯德也于1928 年启动南极探险计划）可能受阻时，果断承诺若威尔金斯能在南极飞行中夺魁，将支付 2.5 万美元的巨额奖金。这一承诺迅速吸引了大量赞助资金纷至沓来。

1973 年澳大利亚南极领地发行
《休伯特·威尔金斯和洛克希
德"织女星"单翼飞机》邮票

　　挪威捕鲸公司也积极参与其中,将南极探险队成员运送至欺骗岛,并在捕鲸工厂母船上为威尔金斯等人提供生活设施等必要支持。

　　威尔金斯的计划是从西南极的南极半岛附近的欺骗岛起飞,飞越南极大陆,抵达东南极罗斯海的鲸湾,但他规划的长达 2000 英里(约 3218.68 千米)的飞行路线并不包括南极点,原因在于他认为以当时的航空技术,飞越南极点的航线过于激进,直飞风险太高。因此,他决定以侦察飞行作为开端,在欺骗岛以南500 ~ 600 英里(805 ~ 966 千米)处寻找合适地点建立前方基地,可能就在1910 年法国夏尔科看到的最后一个亚历山大一世地附近。这个基地将作为飞越南极大陆主要航段的一个经停点。

　　威尔金斯与艾尔森此前飞往斯匹次卑尔根岛驾驶的飞机表现出色,威尔金斯坚信它在南极同样能大显身手。这款飞机设计新颖,威尔金斯觉得自己能寻得它十分幸运,便订购了两架。但其中一架飞机在交付前不幸坠毁,他便将另一架命名为"洛杉矶"号,并驾驶它飞往斯匹次卑尔根岛。尽管支持者建议他准备第二架飞机,他还是再次购置了一架与"洛杉矶"号同款的飞机,取名为"圣弗朗西斯科"号。他为两架飞机都配备了滑雪板、轮子和浮筒,使它们能在任何表面上灵活移动。他的北极飞行员艾尔森从一开始就被列入了南极飞行计划,此外,美国人乔·克罗森也加入了南极探险队,负责驾驶第二架飞机。南极探险队还包括一名空中机械师和一名无线电通信员。这些成员各司其职,共同应对探险中的重重挑战。

　　1928 年 10 月,威尔金斯乘商船抵达蒙得维的亚,随后换乘"赫克托利亚"号捕鲸工厂母船前往欺骗岛。10 月 29 日,"赫克托利亚"号前往马尔维纳斯群岛

（福克兰群岛）时，代理总督给了威尔金斯一份英国外交部的机密备忘录，授权他代表大英帝国对他在空中发现的新土地提出主权声明。

11月6日，"赫克托利亚"号抵达欺骗岛。4天后，捕鲸者帮助威尔金斯将装有浮筒的"洛杉矶"号卸到了水上。但是当艾尔森驾驶着飞机在水面上滑行准备飞向岸上时，以鲸尸为食的鸟儿们飞来飞去，有几只刚好撞上了螺旋桨。威尔金斯只好将飞机拖上了岸。

威尔金斯很快意识到，他面临的严重问题远不止撞机的鸟儿。与他料想的不同，这里没有冰雪覆盖的土地，也没有厚厚的海冰，平坦的地方也因为没有积雪而不适合作为装备了滑雪板的飞机的跑道，海湾中的海冰因为太薄也不适合作为这种飞机的跑道。他最好的选择似乎是个山坡，那里有一小块地方可用作轮式飞机的跑道，至少他可以在这里试飞。

11月16日，威尔金斯乘坐艾尔森驾驶的"洛杉矶"号起飞，因天气恶劣仅飞行了20分钟就降落了，但这是首次在南极飞行，他立即用无线电向全世界传达了他们的成就。一周后，克罗森驾驶"圣弗朗西斯科"号短暂飞行了一次。11月26日，两架飞机再次飞行了几小时寻找更好的飞机跑道，但不幸的是，厚厚的云层让他们看不到任何东西。

威尔金斯很沮丧，决定在海湾的冰上试试运气。但当艾尔森驾驶"洛杉矶"号从岸上起飞、降落在冰冻的海湾时，薄薄的冰层被压碎了，幸好机翼挂在飞机砸出的冰洞边缘才没沉没。威尔金斯只能用浮筒，但飞机加满油后浮筒根本不够用，只能选择陆上跑道和轮式飞机，这意味着他分阶段穿越南极的计划注定要泡汤了，因为轮式飞机无法从遥远的南方雪地起飞，且长距离往返飞行也是极为危险的。

尽管有风险，威尔金斯仍决心用飞机南极探索，但需装满燃料，而轮式飞机所需的跑道仍是个问题。他之前用的飞机跑道太短，只能修建一个新的。威尔金斯写道："要在火山岩堆（看上去就像大块的焦炭）里修建飞机跑道，乍一看根本就不可能……"但捕鲸者提供了人手，还带来了桶、铁锹、耙子和手推车，他们和威尔金斯的南极探险队一起清理了大量岩石，最终建成了一条2500英尺（762米）长的飞机跑道，这对于满载的飞机而言勉强够用。考虑到地形特殊，即便是这个距离，

1973 年英属南极领地发行
《南极探险英雄之休伯特·威
尔金斯和"圣弗朗西斯科"
号飞机》邮票

威尔金斯也不得不接受飞机跑道中出现两个 20°的弯道。

12 月 20 日，威尔金斯和艾尔森驾驶"圣弗朗西斯科"号起飞，飞机上装有足够飞行 1400 英里（约 2253.08 千米）的燃料和能吃 30 天的应急口粮。他们一开始沿着南极半岛西海岸往南飞。在靠近杰拉许海峡南端时，他们以9000 英尺（约 2743.20 米）的高度横跨半岛，接着沿东海岸往南飞。在天上探险实在令人激动。8 年前，威尔金斯跟科普一起尝试抵达半岛上空而不得，而且当时他们用了几周时间绘制了东海岸 40 英里（约 64.38 千米）的海岸线，如今，威尔金斯仅用 20 分钟就飞行了 40 英里。循着此前从未见过的景色往南飞行之际，威尔金斯还为那些突出的地形起了名字，后来被称为"赫斯特地"。与此同时，他还投下了主张英国主权的文件。

飞机飞行至南纬 66°附近时，威尔金斯发现了一处冰川遍布的山谷，其尽头是威德尔海海岸。它似乎是横穿南极半岛的一个海峡的终点。再往南，他认为自己看见了另外两个同样的海峡。他将最南边的海峡命名为斯蒂芬森海峡，以此纪念曾于 1913—1917 年与他一道前往北极的加拿大探险家菲尔加摩尔·斯蒂芬森。几十年来，人们一直猜测可能存在横贯南极半岛的海峡。如今，威尔金斯认为自己找到了。"圣弗朗西斯科"号继续往南飞行到了南纬 71° 20′、西经 64° 15′，随后威尔金斯让艾尔森返航。飞机起飞 10 小时后，他们安全回到了欺骗岛，其间往返飞行 1200 英里（约 1931.21 千米），途中所见都是从未被发现的土地。威尔金斯不失时机地通过无线电向世界展示他的成就，以及他那令人兴奋的发现，即南极半岛实际上是个群岛。

不幸的是，对于威尔金斯来说，南极的航空测绘面临很多问题。他是第一个如此尝试的人，就像很多后来人一样，他也犯了错。很快，威尔金斯以为看见的海峡出现在了这个地区所有的新地图中，但事实上它们并不存在。

欺骗岛的天气情况打消了接下来几周长距离飞行的可能性。1929 年 1 月 10 日，威尔金斯和艾尔森沿着南极半岛西海岸向南飞行了 250 英里（约 402.33 千米），他们想为来年夏季寻找一个更加靠南的基地，然而厚厚的云层让计划失败了。随后，威尔金斯把飞机停在了欺骗岛的捕鲸站，就驾船北归了。

此次飞行虽未达预期覆盖区域，但作为飞机在南极的首次飞行，证明了飞机在探测中的实用性。威尔金斯没有到南极半岛末端和马尔维纳斯群岛（福克兰群岛）属地外进行探险飞行，他投下英国国旗的地区，对于扩大英国的领土范围没有任何用处。由于欺骗岛的天气情况，南极探险队未能实现飞往罗斯海航线沿途发现大面积地域的目标，也无法提出主权要求，更没有尝试飞往南极点。

不过，赫斯特很满意，因为威尔金斯带回配有多幅航拍照片的飞行报告，还以他的名字命名了"赫斯特地"。威尔金斯向英国官员报告了他投放英国国旗的情况，并对外界保密。他把飞机留在了欺骗岛越冬，计划次年夏季回来完成罗斯海地区的航空探测和对"新"地域提出领土要求。

威尔金斯首次南极飞行
纪念图画明信片

理查德·伊夫林·伯德的极地飞行人生

理查德·伊夫林·伯德，1888 年 10 月 25 日出生在美国弗吉尼亚州温切斯特市，是家中 3 个男孩中的老二。伯德童年时身体瘦弱、个头矮小，他决心通过体育锻炼来增强体质，还获得了父亲的许可，与兄弟们共同参与各类冒险活动。

青年时期的伯德便怀揣着成名的梦想。19 岁那年，他进入安纳波利斯海军学院接受专业培训。毕业后，他在加勒比地区的一艘军舰上服役，并迎来了人生中的首次飞行经历，从此便对飞行产生了浓厚的兴趣。

1916 年，伯德成功申请并完成了飞行培训，正式成为一名海军飞行员，在飞行领域积累了丰富的经验。他的弟弟哈里在民主党内是崛起的新秀，为伯德带来了不少助力。海军也利用伯德的海军飞行员身份在华盛顿等政坛要地游说政客，为其争取拨款。在这一过程中，伯德与年轻的富兰克林·德拉诺·罗斯福结下了深厚的友谊。

1995 年新西兰南极罗斯领地发行《南极探险家之理查德·伊夫林·伯德和"弗洛伊德·贝内特"号飞机》邮票

开启北极飞行生涯

1925 年，伯德首度投身北极飞行探险，依照海军要求，率 3 架小型水上飞机从加拿大北极群岛的埃尔斯米尔岛飞往格陵兰岛。

1926 年 5 月 8 日，一艘美国船抵达了挪威斯匹次卑尔根岛新奥勒松的国王湾，随船抵达的是伯德和一支由 50 人组成的探险队及 2 架飞机。伯德此行肩负双重使命：一方面要力证飞机比飞艇更胜一筹，另一方面要抢先于计划使用飞艇飞越北极点的"阿蒙森－埃尔斯沃斯－诺比尔的穿越飞行"。

伯德原计划从格陵兰岛北端飞往北极点，以便途经辽阔的未知区域，寻找新陆地。他在接受《纽约时报》的采访时放言："若发现任何陆地，将在条件允许的情况下着陆并升起美国国旗。"然而，伯德后来简化了飞越北极点的计划，决定从斯匹次卑尔根岛直接起飞，直飞北极点后再返回，只为争夺首位驾飞机抵达北极点的荣誉。

5 月 9 日，伯德和飞行员弗洛伊德·贝内特登上装有 3 个发动机的重载飞机"约瑟芬·福特"号，在美国人的欢呼与挪威人焦虑的目光中艰难起飞。不到 16 小时伯德就回来了，兴高采烈地宣称他们已到达北极点。

但伯德是否真的抵达北极点一直饱受质疑，此争议在其生前及去世后长时间内都未曾平息。美国国家地理学会始终坚定地认定伯德到达了北极点，坚决捍卫其声誉，悉心守护他的飞行记录，驳斥种种批评。

挪威工厂捕鲸船"C.L. 拉森"号甲板上的雪橇犬（老照片）

6 月 22 日，伯德回到美国纽约，欢迎仪式盛况空前。随后，他前往美国首都华盛顿特区，接受总统柯立芝授予的国会荣誉勋章。

南极点首飞成功

1927 年 6 月，伯德携手 3 位飞行员驾驭配有 3 台发动机的"美洲"号，飞越大西洋，成功降落在诺曼底海滩。尽管在巴黎受到热烈欢迎，但南极是当时伯德的唯一飞行目标。

伯德在 1928 年出版的自传《向着天空》中公布了南极飞行计划，他写道："……如果我们能将美国国旗成功插在南极点——世界的底部，那将是一件无比令人欣慰的事……"

在伯德不断的努力下，《纽约时报》购得其文章的报纸版权，并安排了一名随

75

伯德在"纽约城"号上
使用六分仪确定位置
（老照片）

"纽约城"号木质三桅帆船明信片

行记者；《国家地理》买下了杂志版权；派拉蒙影业公司买下了电影版权；普特南出版社购得图书版权；演讲代理商买下了讲座版权；还有广播电台买下了无线电广播转让权，这实现了首次用无线电从南极向国内发消息的壮举。

伯德南极探险队凭借 70 万美元的经费支持，于 1928 年 10 月正式出发。当时，"纽约城"号木质三桅帆船、"埃莉诺·博林"号钢壳货轮、4 架飞机以及雪橇犬都成了南极探险队的一部分。此外，挪威工厂的捕鲸船"C.L. 拉森"号和"詹姆斯·克拉克·罗斯爵士"号也为其运送人员和设备。这使得伯德南极探险队成为当时规模最大、耗资最多的南极探险队之一。

　　1928年12月，伯德在罗斯冰障上建立了基地，距离阿蒙森当年在鲸湾的"弗拉姆之家"基地不远，伯德将其命名为"小美洲"。就在伯德在南极建立基地期间，传来了澳大利亚人休伯特·威尔金斯于11月16日完成了历史性的南极首飞的消息。

　　1929年1月末，"小美洲"基地基本建成，可容纳42人、80只狗和4架飞机越冬。在夏季结束前，伯德进行了几次侦察飞行。1月27日，"星条旗"号飞机发现了一片被冰雪覆盖的山脉，岩峰上积雪厚重。伯德将这片山脉以他的赞助者——石油大王约翰·洛克菲勒的名字命名为"洛克菲勒山脉"，并派副手、地质学家劳伦斯·古尔德靠近观察。后来发现洛克菲勒山脉实际是低缓的岩石丘陵，便更名为"洛克菲勒高原"。古尔德着陆后，通过经纬仪准确定位，绘制了该地区的地图。伯德在给海军部长的报告中指出，这是首次通过空中飞行发现新地域，并在那里降落进行科学考察。伯德以他妻子的名字将该地命名为"玛丽·伯德地"。

　　伯德原本计划邀请曾与他一同飞往北极点的飞行员弗洛伊德·贝内特一起飞往南极点，但贝内特于1928年4月因肺炎去世。于是，伯德选择了挪威籍飞行员伯恩特·巴尔肯，他曾陪同伯德飞越大西洋并在法国着陆。为了象征两人共同飞越两

伯德首次南极考察纪念封，1930年2月19日由"纽约城"号船上邮局寄纽约，左下盖小美洲基地纪念戳，左上为船长 F.L.Melville 签名

1973 年澳大利亚南极领地发行
《理查德·伊夫林·伯德的福特
三发动机飞机》邮票

个极点，伯德将其福特三发动机飞机命名为"弗洛伊德·贝内特号"，并带着贝内特墓地的一块石头一同飞往南极点。

1929 年 11 月 28 日傍晚，伯德与巴尔肯及两名摄像师一同乘坐飞机从"小美洲"基地起飞，踏上 1300 千米的飞行征程。其中一名摄像师来自派拉蒙影业公司，负责拍摄纪录片，另一名则负责航空勘测摄影。伯德认为，尽管摄像师及其沉重的设备增大了失败的概率，但为确保航线东西双向每英里的航程都有摄像记录，这种风险值得承担。同时，摄像师的存在也能消除外界对其成绩真实性可能产生的质疑。飞机后舱还装载了飞机被迫着陆时所需的雪橇犬队及食品等物资。

在这次飞行中，伯德担任领航员，负责计算抵达南极点的时间。当飞机抵达南极点后，伯德在午夜不久宣布了这一历史性时刻。他打开机舱地板暗门，首先投下了包裹着贝内特墓地石头的美国国旗。当国旗飘落到 800 米下方的雪地上时，4 人向国旗致礼。

飞机在途经的仓库加油后，经过 6 小时的飞行，安全返回了"小美洲"基地，全程飞行了 15 小时 51 分钟。美国听众通过设在"小美洲"基地的无线电波与伯德同步，及时听到了他欣喜若狂的宣告："成功了！我们看到了南极点，还把美国国旗最先投到了南极点上。"伯德由此成为首位飞越地球南北极点的飞行员。

1930 年 6 月，伯德及南极探险队返回美国，在纽约、波士顿和华盛顿特区受到了热烈欢迎。纽约百老汇大街上的庆祝游行尤其盛大，漫天飞舞的彩带，让人们

伯德首次南极考察的记录
《小美洲》由胡仲持翻译
成中文出版，中文版书名
为《南极探险记》

暂时忘却了 1929 年 10 月的股市崩盘和当时高居不下的失业率。赫伯特·克拉克·胡佛总统授予伯德美国地理学会金质奖章，时任纽约州州长的富兰克林·德拉诺·罗斯福也为伯德颁发了一枚奖章。

伯德首次进行南极考察的记录迅速整理成书，于 1930 年出版，名为《小美洲》。不久，该书漂洋过海来到中国，由胡仲持翻译成中文，上海开明书店于 1934 年 10 月出版，中文版书名为《南极探险记》，伯德名字被译为裴特。书中保留了原书 10 多幅南极考察照片，详细介绍了南极探险历史，概括了伯德首次南极探险的经历，并提及当时正在进行的第二次南极探险。令人吃惊的是，书中提到 1934 年 6 月 4 日，正值南极冬季，"小美洲"基地气温本应为 -50° C，却蹿升至 25° C。

《南极探险记》版权页显示，该书自 1934 年 10 月首版至 1949 年 2 月，累计印刷 4 次，深受读者喜爱。由派拉蒙影业公司随队拍摄的纪录片《小美洲》在美国迅速上映，并于 1935 年 11 月传入中国。

在当时，美国正遭受经济大萧条的沉重打击，民众生活陷入困境，对遥远的南极洲的故事关注度极低。这使得伯德筹集南极探险经费变得异常困难。

"奥克兰熊"号在南极（老照片）

伯德第二次南极考察

1932 年 11 月，伯德的好友、时任纽约州州长的富兰克林·德拉诺·罗斯福，以压倒性优势战胜时任总统赫伯特·克拉克·胡佛，成为美国总统，并于 1933 年 3 月 4 日正式宣誓就职。

1933 年 9 月初，伯德与新任总统罗斯福进行了会面，会面后罗斯福给伯德写了一封信，信中提及二人之间的亲密友谊，强调美国政府将全力支持南极探险队和伯德，承诺在需要或紧急情况下伯德可以请求政府协助，且政府将与伯德的南极探险队保持密切联系。

在伯德的第二次南极考察中，其团队依然配置了两艘船只，一艘是木船"奥克兰熊"号，另一艘为钢体货轮"雅各布·鲁珀特"号，空中配备 3 架飞机和 1 架新型直升机。1934 年 1 月，两艘船驶入鲸湾，登陆后，他们重建"小美洲"基地并计划在那里越冬，同时打算在 1934—1935 年的南极夏季时节向南极内陆地区进发。

1934 年 2 月 1 日，伯德在"小美洲"基地进行了首次无线电直播。该基地的建筑物虽被冰雪覆盖，但建筑物之间通过冰下通道相连，且可通过活动天窗从外部进入。他将这里比作美国西部拓荒者的定居点。这次直播让美国大众对玛丽·伯德地有了深刻印象。此外，伯德在距离"小美洲"基地约 160 千米处建立了"前进据点"，计划在此独自越冬。

早在 1932 年，伯德就计划在毛德皇后山脉脚下、距"小美洲"基地 800 千米处建"前进据点"，但因时间延误，只能在距"小美洲"基地南方 160 千米的罗斯冰障上建冰下据点。1934 年 3 月 28 日起，伯德开始独自守夜，启动单独越冬计划，并开始重读斯科特的日记。1934 年 6 月，加热器故障导致一氧化碳泄漏，置身于冰层下的伯德中毒，险些丧命。保尔特组织的营救队历经 2 个月的冰上跋涉，于 8 月 11 日抵达"前进据点"，但需等到 10 月飞机才能起飞，将伯德接回"小美洲"基地。伯德恢复后，不顾医生反对，开始准备夏季南极飞行计划。

11 月 15 日，伯德开启夏季首飞，航线呈三角形：从罗斯冰障东南出发，飞向玛丽·伯德地，再转向正北至埃德塞尔·福特山脉，最后再掉头返回出发地。整个飞行近 7 小时，测绘了约 13 万平方千米的未知区域，是个不错的开端。鲍曼曾期望伯德将玛丽·伯德地与沿海岸线的飞行连接起来，以强化美国领土要求，但埃德

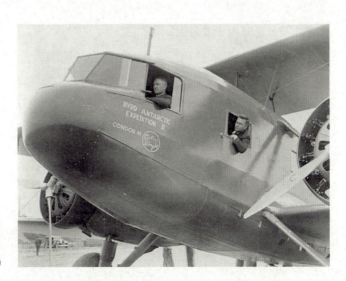

伯德在飞机驾驶舱里进行南极探险中的第二次飞行，后边是首席飞行员哈罗德·琼德（老照片）

塞尔·福特山脉阻碍了这一计划。伯德留在"小美洲"基地等待下一次的飞行，他的第二次飞行仍没有沿海岸线。他通过收音机得知下属飞越了"犹如专属于我的一片地域"。11 月 23 日，伯德沿罗斯冰障东部的边缘飞行，发现那里是一片冰雪覆盖的陆地，看不出海峡存在论认为存在的裂隙，但当时伯德也不能断言整个南极是一个大陆。

1935 年 2 月 5 日，"奥克兰熊"号和"雅各布·鲁珀特"号离开鲸湾，第二次南极考察结束。此前，1933 年 9 月初，罗斯福总统同意了伯德的第二次南极考察计划，并决定为纪念此次南极探险发行 1 枚纪念邮票。身为集邮迷的罗斯福亲自设计了邮票草图，上面巧妙地融合了伯德多次飞行壮举以及相关地理信息。美国雕刻印制局虽修改了设计，但保留了核心概念，罗斯福还在设计图上签名批准，邮票于 1933 年 10 月 9 日发行。

不仅如此，罗斯福还推动在"小美洲"基地设立美国官方邮局。他的竞选负责人、邮政署署长詹姆斯·法利任命两名南极探险队员为"小美洲"基地邮局邮政官员，并在华盛顿特区举行了广为人知的宣誓仪式。

在这一切都办妥后，罗斯福还为南极基地纪念封的发行出谋划策，设想通过设在"小美洲"基地的南极邮局制作极地纪念封，这不仅受到了集邮者的欢迎，还为南极探险筹集了资金。罗斯福甚至要求伯德从"小美洲"基地的南极邮局给他寄 1 枚纪念封用于收藏。

1933 年，大包邮件随科考船运往南极，但因被雪埋而延迟处理。直到隆冬，人们在寻找烈酒时才发现邮包。1934 年 10 月，法利宣布派遣官员查尔斯·安德森负责"小美洲"基地的南极邮局工作。1935 年 1 月，安德森抵达罗斯海，在冰下约 6 米的邮局里工作了 16 天，处理了 7 万多封信件，创下了当时的纪录，这些信件深受集邮者喜爱。

在这些信件中，有寄给罗斯福的纪念封，还有一封贴有纪念邮票的信件寄往中国山东德州的卫氏博济医院，收件人是 Albert C. Hausske。这枚纪念封上有 1935 年 1 月 30 日"小美洲"南极基地邮局的邮戳，从南极到山东德州耗时 86 天，是中国邮政史上已知的最早从南极洲寄往中国的邮件。

由南极洲寄往中国最早的邮件

　　1935 年 5 月 10 日，伯德顺利回到美国，罗斯福总统偕同国会两院代表到码头迎接。国会通过决议，表彰其"成功且英勇的南极陆地探测"。美国国家地理学会在华盛顿的宪政大厅为伯德举办了欢迎招待会。招待会上，伯德声称"发现并占有的土地面积等同于从缅因州到乔治亚州沿大西洋海岸各州面积的总和，且该地区为无主地，位于英国申明主权的领土之外"。同时，他宣布"不存在贯通罗斯海和威德尔海的海峡，因此南极究竟是一个完整的大陆还是被海峡分离为两个大陆已经不言自明"。

美国国家南极考察不得不终止

　　自 19 世纪 40 年代威尔克斯南极探险后，美国官方在南极一直未有正式行动。当其他国家陆续派出南极探险队，在南极冰盖上插国旗时，美国则将此使命交给了像伯德这样的私人探险家。20 世纪 30 年代，南极探险活动日益频繁，美国政府开始暗中支持本国探险者获取领土主权，但在公开声明中，美国既不承认他国领土主张，也未提出自己的领土要求。

　　从 1938 年开始，战争的阴霾笼罩全球，尽管南极洲依旧纯净，但殖民化的恐怖前景已显现。德国和日本在南极洲的出现，使美国越发关注其战略地位。

2004 年皮特凯恩群岛发行《伯德南极探险（1939—1941 年）到访皮特凯恩岛 75 周年（1939 年 12 月 13 日—14 日》邮票

1939 年 12 月 13 日，"北方之星"号停靠皮特凯恩岛寄出的纪念封

　　整整 10 年，罗斯福总统始终在关注伯德的南极探险进程。1939 年年初，罗斯福提出由国务院、战争部、海军和内政部联合组建一支国家南极探险队，主张派出两艘船，在南极大陆的东西两侧各建一个基地。南极探险队的一部分驻扎在"小美洲"基地，另一部分在与南非相对的恩德比地海岸。这两处基地都是夏季站，冬季前南极探险队人员全部撤离，待夏季来临时南极探险队人员会再次返回。

　　1939 年 1 月，国务院官员休·卡明与地理学家塞缪尔·博格斯带着罗斯福的信函前往波士顿伯德家中拜访。总统在信中希望伯德担任政府组建的南极探险队队长并带队前往南极探险。伯德欣然应允，并建议政府低价收购他的"奥克兰熊"号。

　　随后，美国政府在华盛顿特区召开了组建美国国家南极探险队的会议。经过数日讨论，专家们采纳了伯德的建议，除"小美洲"基地外，再建立两个基地：一个基地位于具有重要战略意义的与连通大西洋和太平洋的麦哲伦海峡和德雷克海峡相对的地方；另一个基地选在南大洋中的赫德岛上，位于澳大利亚西南方。起初计划将赫德岛建成综合性科考站，包括气象站、雪橇犬繁育和训练基地，但因其无法建设飞机跑道和码头而放弃。

当伯德和罗斯福总统及幕僚们正在为组建美国国家探险队而争取国会拨款时，已经返回汉堡港的德国南极探险队公布了一系列航拍照片、影片和地图，镜头中他们将长达 1.5 米的铝质三角锥每隔 20 ~ 30 千米就用飞机投掷到飞行区域，以彰显其领土主权，这一行为如同利刃刺入美国国会议员们的心中。

几天后，参议院小组委员会批准了 1 万美元启动资金，但 34 万美元的后续拨款仍需经过复杂的程序。一直到 1939 年 6 月 30 日，在得知德国、澳大利亚将派出南极探险队，尤其是德国将在南极建立永久性基地后，美国国会、参众两院一致通过拨款申请并提交总统签署。

拨款落实后，伯德正式受命。罗斯福总统在考虑南极探险队名称时，最终采纳了格里宁的"希望将永久性寓意引入命名中"的建议，定名为"美国南极服务队"。

而此时距离南极夏季只有几个月的时间，伯德在波士顿废寝忘食地为 10 月份出发的南极探险队做着各种准备，可谓时不我待。

从谨慎的角度出发，南极探险宜推迟到下一个南极夏季，但美国想先发制人，阻止其他国家在南极建立基地，并试图为有关南极主权的国际会议做准备。

伯德为了降低成本，从厂家借了一架水上飞机，还请海军提供两架飞机。南极探险队随行艺术家以名誉队员身份参与，他卖掉了自己的画作并将款项捐给南极探险队。摄影师则需要自带设备，且仅获得象征性的 1 美元报酬。

由于种种延误，"奥克兰熊"号直到 11 月 22 日才离开波士顿，计划驶往巴拿马，然后再驶往"小美洲"基地。几天后，美国海岸警卫队的"北方之星"号破冰船告别费城，循着"奥克兰熊"号的航线，驶往巴拿马，再从巴拿马驶往达尼丁，最终抵达罗斯冰障，为建立西部基地寻找一个合适的地点。

"北方之星"号底舱装载了 6 辆坦克，这些是从战争部借来的，旨在测试它们在冰上行进的能力。舰上最引人注目的是"北方之星"号甲板上用锁链固定的巨大的"雪地巡洋舰"，它由托马斯·波尔特及其团队设计完成。

托马斯·波尔特曾是伯德第二次南极探险的副手。在那一次探险中，虽然履带式车辆成功投入使用，但在南极冬季从"小美洲"基地出发营救一氧化碳中毒的伯德时，地面车辆的运行遇到了困难。自此之后，波尔特便致力于设计一种可靠的运载车辆，能够在任何天气条件下运行，用于救助并可作为避难所。

波尔特在芝加哥装甲技术学院工作期间，他与团队设计出了这款长55英尺（约16.76米）、宽20英尺（约6.10米）的大型"雪地巡洋舰"，其大小相当于一节火车车厢。该"雪地巡洋舰"配备了2台柴油发动机，最高时速可达50千米，拥有4个可单独驱动的巨大轮子，遇到冰裂隙或其他障碍物时车轮能够提升以避开障碍。此外，"雪地巡洋舰"顶部还装备了一架小型飞机，可轻松从车后的斜坡滑到雪地上，其最远航程可达480千米。飞机与"雪地巡洋舰"协同作业，能够为巡洋舰导航并进行空中拍摄。"雪地巡洋舰"可载着一支小规模探险队在南极大陆的冰盖上行驶，甚至能在冬季作为基地在南极点越冬。这种创新型车辆设计的运行距离可达8000千米，其宽敞的内部空间足以维持队员一年甚至更久的生活所需。

当波尔特得知计划中的南极探险后，于4月29日来到华盛顿，表示愿意提供"雪地巡洋舰"为南极探险队服务。尽管此时"雪地巡洋舰"还仅停留在绘图阶段，且

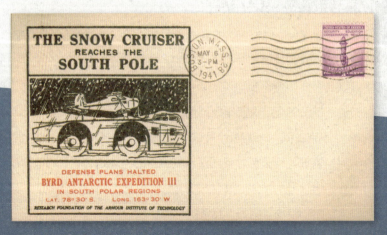

"雪地巡洋舰"驶达南极点纪念封

距离南极探险队出发仅剩 6 个月的时间，但伯德和政府官员们还是同意生产一台，并将其租给南极探险队。

"雪地巡洋舰"由芝加哥普尔曼汽车厂匆忙建造完成。在其从芝加哥驶往波士顿码头的上千千米的行程中，引起了巨大轰动，警察不得不封路以便这个笨重的庞然大物顺利通过。即便如此，它还是滑进了一条小溪，各方人员费了很大的劲儿才使其回到路面上。对于其即将在南极面临的艰难环境而言，这算不上一次充分而有难度的测试，但已经没有时间在冰雪地面上进行测试了。

由于"雪地巡洋舰"体积庞大且沉重，海军担心它会威胁到船只的稳定性，因此不愿意携带它。但伯德坚持携带，因为他已经与车主——装甲技术学院签订了合同，而且该车还携带了数千枚贴好邮票的纪念封，纪念封上印有"雪地巡洋舰驶达南极点"的字样。然而，最终"雪地巡洋舰"并没有驶达南极点，这些纪念封上加盖的只是 1941 年 3 月 6 日的波士顿邮戳。

东基地

East Base 1940-1941/1947-1948

东基地内景

　　伯德按照罗斯福总统的指示，将"东基地"建在夏尔科岛或玛格丽特湾海岸。"西基地"将建在罗斯海的东部沿海，地点可选在新西兰的罗斯属地的边界外附近的地方。如果在那建不成，伯德获准可在"小美洲"基地附近，即罗斯属地中的罗斯海的西海岸上建立基地。

　　1940年1月，探险队的两艘船抵达首个目的地鲸湾，却被困在那里。在卸载"雪地巡洋舰"时，差点发生灾难。车辆压断了锚定的"北方之星"号与冰架间的木质坡道，伯德坐在车顶上，差点被甩出去，直到波尔特切断油门才阻止了险情。车辆歪歪扭扭地冲到冰面上。

　　麻烦事接踵而来。这辆绰号"弹跳贝蒂"的"雪地巡洋舰"，设计具有爬37°坡的能力，备有供4人野外生存一年的物资。然而，伯德发现它在冰面上几乎无法行驶。即便装上备用轮胎，也没能解决问题。车辆太笨重，其创新的发动机系统在雪地上无法形成有效驱动力，只有反向驱动可行，但速度太慢。经过反复实验，探险队只能将其作为船载实验室停在西基地。尽管1940年3月媒体仍在称赞其能力，期待它跨越更远距离，但现实是它未能达到预期。

在经费有限、失去一艘船、"雪地巡洋舰"无法使用的情况下，南极探险队只能依赖传统的探险手段——狗拉雪橇，以及从军队借来的两辆坦克和两辆火炮牵引车。两架带雪橇板的"寇蒂斯·神鹰"号飞机在探测和测绘太平洋地块中发挥了重要作用，成为此次探险的焦点。保罗·赛普尔留下来负责西基地，伯德则登上"奥克兰熊"号驶入浮冰区，为建立东基地寻找合适的地点。1940 年 2 月底，他抓住几天好天气，用借来的巴克利·格鲁水上飞机，沿着玛丽·伯德地的海岸线进行了 3 次飞行，并命名了"富兰克林·罗斯福海"。

1940 年 3 月，伯德和理查德·布莱克飞越玛格丽特湾的一个小岛时，发现岛上遗弃着木屋和设施，这是约翰·赖米尔和英国格雷厄姆地探险队于 1936 年建造的。二人决定在此建立东基地。尽管赖米尔曾将其命名为"巴里地"，且该地位于马尔维纳斯群岛（福克兰群岛）属地内，但布莱克提议以美国海豹捕猎者纳撒尼尔·帕尔默家乡港口命名此地，称其为"斯托宁顿岛"，这一建议源于国会图书馆地图处马丁上校和美国地名委员会的提议，布莱克下意识地将他们的探险活动与 120 年前帕尔默的活动联系起来。

伯德于 1940 年 5 月离开南极回到华盛顿，汇报探险进展并远程指导南极探险活动。美国于 1939 年开展的南极探险是美国南极探险史上的重要里程碑之一，且经过此次南极探险，南极大陆首次出现永久定居点。然而，受欧洲战局及美日战争一触即发态势的影响，美国国会被迫关闭了上述两个南极基地。

参加本次南极探险的队员从停靠"小美洲"基地的"奥克兰熊"号船上邮局寄出的实寄封

南极撤离行动困难重重。"奥克兰熊"号和"北方之星"号于 1941 年 1 月先到被称为"小美洲三号"的西基地接人，撤离匆忙，大量食物滞留岸边，致使"北方之星"号冒险超额载货，吃水很深。2 月中旬，船只前往玛格丽特湾准备去接东基地的理查德·布莱克等 25 人，抵达后发现整个海湾被冰封。他们在那儿等待了一个月，期望强劲东风吹裂冰层以便船只驶入，但东风不尽如人意，队员似乎要被困在东基地过冬了，即使船能驶入海湾，也极有可能被困在冰区。队员们唯一的脱身之法是乘"寇蒂斯·神鹰"号飞机上船，但这至少需要两个满载且危险的航次。

1941 年 3 月 20 日，南极冬季已至。当天，伯德在华盛顿海军大楼与执行委员会成员会面。他担心在恶劣天气下使用老旧的"寇蒂斯·神鹰"号飞机飞行十分危险，但鉴于美国国会未批准队员在南极越冬的拨款，且船只部门需要调派"奥克兰熊"号和"北方之星"号回国投入战争，队员们必须尽快撤离。因此，伯德决定亲自带队去南极救援。

伯德向外界表示，此次行动是"他的职责"，他将乘坐泛美航空公司的飞机前往智利的蓬塔阿雷纳斯，并在那里与从巴拿马飞来的两架美国海军水上飞机会合。随后，伯德带着两架飞机乘坐"北方之星"号南下，尽可能深入冰区，以便飞机能飞到基地撤离探险队员。

船长理查德·克鲁森少校将"奥克兰熊"号锚定在距离东基地约 180 千米的米克尔森岛附近水域。布莱克和部分被困人员乘坐拥挤的"寇蒂斯·神鹰"号飞机

由停靠"小美洲"基地的"奥克兰熊"号船上邮局寄往新西兰的纪念实寄封，盖有东基地纪念戳

飞抵该岛，再通过捕鲸船登上了"奥克兰熊"号。经过两次这样的飞行，基地的全部人员被成功撤离到船上。3月25日，"奥克兰熊"号驶向蓬塔阿雷纳斯，与"北方之星"号会合。至此，美国国家南极探险计划宣告结束。

"高跳行动"

1945年4月12日，罗斯福在佐治亚州突发脑出血离世。

南极服务队解散后，伯德少将投身战场，转战欧洲和亚洲，有幸见到太平洋战争结束。

在东京的伯德始终铭记已故友人罗斯福的嘱托："南极（考察）的事应继续下去，因为在欧洲战争结束后，最终要缔结和平条约，那时可能会有外交交易。"因此，他呼吁美国在南极大陆建立基地，以增强美国对南极战略要地的控制，为提出领土要求做准备，这也是罗斯福的遗愿。

伯德的目光投向整个南极大陆，他希望美国"动用航空母舰和远程飞机，全面勘测南极大陆"，建议重启美国南极服务队，并自荐领导该队。美国政府迅速响应，1946年8月海军启动"南极发展计划"，11月正式宣布组队，宣称目的是在寒冷条件下模拟训练海军官兵，测试船舶、飞机等军事装备，以应对北极圈内格陵兰岛等地与苏联潜在的军事冲突。

美国是一个北极国家，这一声明引发了世人的种种猜测。海军部组织并编成了第68特混舰队，赶在南极夏季到来前浩浩荡荡地出发了。整个舰队共有4700名官兵，包括1艘航空母舰"菲律宾海"号、12艘舰艇、2架负责物资补给的水上飞机和1艘潜艇。同时南下的还有动力强大的海岸警卫队的破冰船"北风"号、海军新建的破冰船"伯顿岛"号，以及17架飞机和6架直升机。该项目被称为"高跳行动"，伯德被任命为该行动的总指挥。

行动的具体指挥由海军少将理查德·克鲁森负责，他曾于1939年指挥过"奥克兰熊"号，这次负责指挥军舰和货船的混编船队驶向鲸湾。行动计划在伯德以前建立的几个基地附近建立"小美洲四号"基地。年近60岁的伯德乘坐"菲律宾海"

号航空母舰断后，他通过无线电联系美国，记录驶向南极大陆不同地域的克鲁森船队和另外两支海军舰队的进程。

按照原计划，伯德应乘坐"DC-4"型运输机飞抵"小美洲四号"基地。彼时，电影摄像机已就位，将拍摄他回到当年功成名就的基地现场。然而，罗斯海的冰情严重，克鲁森被迫计划在1947年2月5日结束此次行动。

此次行动主要是进行航空拍摄和为提出领土要求进行的航空飞行，以便为绘制出在精度和幅数上超越其他国家的地图提供基础信息。为达到绘制更精确地图的目的，所有飞机都装备了能够同时垂直和倾斜拍摄机身下方地貌的新型三镜头航空摄影机。此外，飞机还装有机载磁力仪，它可以探测冰层下的地质成因，并有可能显示出石油构造，也可能发现铀。

登陆行动正式打响！在鲸湾海域，"北风"号破冰船一马当先，以无畏之势切开厚实且坚硬的冰层，为后续舰队开拓出一条宽阔航道。运输船和潜艇紧随其后，快速驶入这片被破开的水域。随后，数百人以及大量物资被源源不断地运往陆地，为建立"小美洲四号"基地做准备。然而，冰层的尖利超乎想象，一艘运输船不幸受损，只能无奈退出行动，潜艇也因难以应对而被迫撤离。

突破重重困难，最终登陆成功后，船员和海军陆战队员迅速投入紧张的准备工作，他们计划乘坐6架"DC-4"型运输机开展航空探测任务。由于"菲律宾海"号航母甲板长度有限，"DC-4"型运输机只能勉强起飞，因此队员们必须在机翼上安装喷气推进器以确保其顺利升空。

1947年"高跳行动"中携带至南极点的纪念封，盖"奥林匹斯山"号军舰邮局邮戳，第二行为伯德的亲笔签名

伯德成为首位驾驶飞机降落在"小美洲四号"基地的人。尽管时间紧迫，无法完成全部航空拍摄和勘测计划，但伯德还是在 1947 年 2 月 16 日飞往南极点，用电影摄影机重新拍摄了他在 1929 年驾驶飞机飞越的区域。在南极点，伯德还投放了一个包装箱，里面装着美国以及联合国其他 54 个成员国的国旗，象征着和平与团结。

由于探险队出发仓促，飞行员未接受航空拍摄培训，加之摄影舱密封性差，难以抵御南极的凛冽寒风，摄影师不得不戴着厚手套操作设备。受各方面的限制，摄影师通常没时间操纵带倾斜度的相机拍摄飞行路径两侧的地貌。尽管此次飞行覆盖了南极大陆的 400 万平方千米的区域，其中半数区域此前已被探测，但并非所有地区都拍摄到了。

1947 年 3 月初，伯德的船返回新西兰惠灵顿，6 架"DC-4"型运输机被留在冰上，供下一年度探险队使用。然而，意外发生了，冰架运动产生的断裂将飞机和"小美洲四号"基地一并吞入了南大洋。

浩浩荡荡而来，匆匆忙忙而去，规模异常庞大的"高跳行动"给人留下了一种虎头蛇尾的印象。

最后一次南极点飞行

身为海军资深极地专家的伯德，希望再次率领包括一艘航空母舰在内的舰队，重返南极，继续开展"高跳行动"。然而，1949 年 8 月中旬，南极探险计划被突然叫停。紧接着，1950 年 6 月 25 日朝鲜战争爆发，这场为期 3 年的冲突使得南极事务在美国战略布局中的优先级大幅下降，同时也让有关南极国际化的讨论被迫按下"暂停键"。

早在 1948 年年初，美国国务院就曾抛出一个设想，建议由联合国接管南极事务，试图以此平息英国、阿根廷和智利之间日益激烈的南极领土争端。毕竟，若争端持续升级，极有可能引发地区武装冲突。此外，美国也希望在不考虑各国对不同地块的所有权的情形下，协调整个南极事务。

英国、阿根廷和智利率先在南极建立了常年基地，法国和澳大利亚的行动旨在

理查德·伊夫林·伯德的极地飞行人生

IGY 期间，美国南极点站（阿蒙森－斯科特站）纪念封

强化其在南极的领土要求。同时，许多国家作为国际科学联盟理事会国际地球物理年（IGY）计划行动的一部分，也准备在南极建立科学考察基地。非领土要求国，特别是苏联建站的预期，给领土要求国带来新的紧迫感，也引起了美国的审慎思考。基于此，美国计划为 IGY 建立 3 个基地，分别位于小美洲、玛丽·伯德地和南极点。海军于 1954—1955 年南极夏季派遣"阿特卡"号破冰船前往南极进行勘察，并为 IGY 基地选址。小美洲、玛丽·伯德地和南极点 3 处站址的选择有重要的科学价值，且在平衡国际南极站点分布上有着极其重要的作用。

1955 年 1 月，"阿特卡"号停靠鲸湾时发现，伯德此前留下的 6 架"DC-4"型运输机和"小美洲四号"基地的所有帐篷都已漂入海中。原来，海湾西侧发生断裂，形成了两个巨型冰山，使得以前的站点无法再为后续探险队提供便利。不过，在其东边大约 50 千米处有一个海湾，即日本探险家白濑矗发现并命名的开南湾，那里将成为"小美洲五号"基地的替代站点。

"阿特卡"号继续向东航行，绕过南极半岛后穿越冰封的威德尔海，经过几百千米的冰区后，在毛德皇后地沿岸选定了一个站址。该站点不仅能满足探险队的科考需求，还可作为替代航空基地，为计划中的南极点基地提供补给支持。

在"阿特卡"号航行期间，美国将其计划建立的基地数量扩展到了 5 个，分别位于开南湾、玛丽·伯德地、南极点以及毛德皇后地沿岸的两个地点。

1955—1956年南极夏季，伯德作为美国IGY准备活动的全国领导者，带队前往南极。这是他一生中最后一次踏足南极。纪录片摄影师希望捕捉到伯德抵达"小美洲五号"基地的画面。

1956年1月，伯德登上了一架在冰面上等待起飞的飞机。这次飞行是他人生中最后一次象征性地飞越南极点。由于他身体状况欠佳，一名海军医生始终陪伴在他身边，以确保这位资深极地探险家能够安全完成他的最后一次探险之旅。

伯德重返美国后，即刻委任他的年轻助手保罗·赛普尔为南极点基地站长，这算得上是伯德最后的成就。伯德还提议将南极点基地命名为"阿蒙森－斯科特站"。当时伯德身体虚弱，好友便安排他在家中二楼的书房内，身着正装接受了自由勋章。1957年3月11日，理查德·伯德在波士顿家中安详离世。

伯德由此结束了他30年的极地飞行生涯。

为纪念这位美国南极探险活动的掌门人，在IGY期间，在南极玛丽·伯德地建立的考察站被命名为"伯德站"。

1955年伯德和同伴在雪上行走，前往"小美洲一号"基地、鲸湾等地凭吊

1956年1月，伯德最后一次驻足在南极点

德国在南极弹射飞行

1938年10月28日，位于汉堡的德意志造船厂同意让"施瓦本"号进入干船坞，开始了为期6周的紧急改造。12月15日，改造完成的"施瓦本"号出海试航。政府官员赫尔穆特·沃尔塔特带着大约50名来自各部委的代表、考察队员单位负责人、提供飞机的德国汉莎航空代表和船厂的技工一同登船。试航结果令人满意。按计划，两天后南极探险队全体队员将搭乘"施瓦本"号前往南极。

1938年12月17日，"施瓦本"号停靠在汉堡港的专用码头，为前往南极做最后的准备工作。两架闪亮的"多尼尔－海象"型水上飞机已安置在船上后甲板下的弹射器上，待命飞向极地天空。

在"施瓦本"号紧张地进行着南极探险出发前的各项准备之际，探险队领队这一关键角色也已确定，他就是有着丰富极地及相关经历的艾尔弗雷德·尤利乌斯·弗里茨·里彻。

里彻于1879年5月23日出生于德国中部的巴登－劳特堡，其父为医学博士。里彻是一位极地探险家、船长兼飞行员，虽未踏足南极，但1912年曾担任"厄恩

弹射器上的水上飞机（老照片）

斯特公爵"号船长，参与施罗德—施特兰茨北极远征队，考察斯瓦尔巴群岛海域。在那次北极远征中，里彻经历了极其艰难的求生之旅，导致身体严重冻伤。当年9月，冬天突然降临，浮冰将"厄恩斯特公爵"号困在斯匹次卑尔根岛东北海岸。救援队伍出发后走散，里彻和两人躲进空屋。12月，他带着狗"贝拉"和极少给养，在 -27° C 至 -39° C 的极端低温中，向 210 千米外的定居点艰难跋涉。在 9 天的生死旅程中，他仅靠 3 块冰冻鹿肉和 4 千克生大麦维持生命，因睡眠不足和寒冷，只能用闹钟定时叫醒自己继续前进，最终以冻伤累累之躯抵达定居点，并在 1914 年夏季驾驶船只成功脱离冰冻海域，安全返航。这场惨烈的求生经历使他失去了一半右手小拇指、一半右脚以及左脚的大脚趾，却也铸就了他顽强不屈的意志品质。1915 年，里彻获得飞行员许可证，成为海军－陆军飞行员，后晋升为陆军飞行员指挥官，驻扎在威廉港海军站。

　　1924 年 7 月 1 日，里彻重返航海部工作。1926 年 4 月 15 日，他加入新成立的德国汉莎航空股份公司，担任航行部副职，负责航线保障。1929 年 9 月，里彻

M. S. „Schwabenland", Flugstützpunkt der Deutschen Lufthansa

"施瓦本"号

奉命回到海军最高司令部，参与重建海军航空兵相关事务，专注于开发现代空中导航仪器。1934 年 5 月 1 日，他又被调回航海部并晋升为高级行政长官。

　　1938 年 7 月 20 日，鉴于里彻的卓越才能，海军最高司令部少将康拉德询问他能否接手南极探险队的领导职务。这位年近 60 岁、身高 1.8 米且身材依旧矫健的飞行员就成了南极探险队领队的不二人选。1938 年 10 月 5 日，德国四年计划办公室发来任命信，信中注明任命生效日期为同年 9 月 1 日。

　　"施瓦本"号上搭载的两架水上飞机是 10 吨重的"多尼尔－海象"型，曾服务于南美洲的邮政运输，分别被命名为"北风之神"号和"热带信风"号。这两架飞机设计独特，为单翼水上飞机，机翼中央上方安装有两个螺旋桨，一前一后，分别负责推动和拉动飞机，机舱则悬挂在机翼下方。飞机由汉莎航空的两位飞行员驾驶：鲁道夫·迈尔驾驶"热带信风"号，理查德·海因里希·施迈彻驾驶"北风之神"号。两架飞机均配备了先进的航空摄影设备，能够拍摄连续照片以用于地图测绘。这些水上飞机将从 8500 吨重的"施瓦本"号上通过后甲板下的弹射器起飞，该船堪称一座"浮动机场"。

"施瓦本"号建于 1925 年，全长 143 米，最初名为"施瓦岑费尔斯"（Schwarzenfels），曾用于印度航线的货物运输。1938 年，该船被改造为配备弹射器的船，作为支持德国汉莎航空从欧洲到南美洲跨大西洋航线的浮动航空基地，改造后更名为"施瓦本"号。其配备的发动机可维持 11 节的航速，具备搭载两架 10 吨级水上飞机及配套的发射与回收设备的能力。从船头望去，它外观类似带有两个桅杆的货船。船身吃水线以下为黑色，以上为红色；两桅杆之间的上层建筑，包括船桥（船的指挥中心）和客舱，均为醒目的白色。涂成灰色的发射机设备和两架银色的飞机位于船尾。唯一的烟囱上标有德国汉莎航空的标识。

以船舶为基地进行空中勘测的概念并不新颖，但从海上浮动平台利用两架飞机开展系统性空中测量，并通过船载弹射器发射飞机，确实具有创新性。不过，这并非德国科学家首次从空中拍摄南极洲。

鲁道夫·迈尔曾在 1938 年 5 月参与丹麦人劳格·科赫领导的北极斯瓦尔巴德岛和格陵兰岛东北探险队，驾驶"Perssuak"号"多尼尔－海象"型水上飞机。迈尔是一位经验丰富的飞行员，执行过多次探路飞行任务，还在南大西洋邮件航线上飞行过 36 个航次，其中部分航次驾驶的就是"Perssuak"号。在为丹麦探险队飞越格陵兰岛期间，飞机机械师弗兰兹·比卢绍夫一直与他搭配工作。后来，弗兰兹与迈尔一同乘坐"施瓦本"号前往南极洲。

鉴于国家探险队的高规格，德国汉莎航空精心挑选了最精英的飞行员、空勤人员和机组成员。除了迈尔（他于 1958 年成为汉莎航空波音 707 的首位飞行员），他们还选定了理查德·海因里希·施迈彻担任第二飞行员。

另一位极地人物是 1904 年出生的摄影师马克思·布德曼。作为汉莎航空勘测公司的专业摄影代表，他于 1932 年参加了挪威斯瓦尔巴群岛和北冰洋调查研究（NSIU）科学探险队，前往格陵兰岛东北部。布德曼使用克里斯坦森的"Qarrisiluni"号洛克希德"织女星"飞机进行航空摄影测量，在 10 个航次中拍摄了 2109 张照片，覆盖面积超过 3 万平方千米。"施瓦本"号上的另一位航空摄影师是 1916 年出生的齐格菲里德·索特。1934 年 6 月至 1935 年 4 月，索特在飞行学校接受培训，成为一名滑翔机飞行员。随后，他加入新成立的空军，主要负责航空摄影工作。

1937 年，索特加入布德曼所在的汉莎航空勘测公司。

一个由 4 人组成的气象小组肩负着向探险队领队里彻及其两名飞行员报告气象状况的重要职责。组长是来自德国汉堡海洋观测站的气象学家赫伯特·瑞古拉，他曾担任弹射船"威斯特法伦"号的气象学家，在航海方面有着丰富的经验。组员包括 1908 年出生、擅长操控无线电探空仪升降的德国气象服务台成员海因茨·兰格；1905 年出生、曾在 1925—1927 年搭乘"彗星"号参与德国大西洋远征且在德国气象服务台负责维护无线电探空仪的精密工程师瓦尔特·克鲁格；以及 1908 年出生的威廉港海洋天文台修理工威廉·格克耳。"威斯特法伦"号原本被选为探险船，但因无法使用而被"施瓦本"号取代。"威斯特法伦"号是一艘与"施瓦本"号有着相同功能的船，1923 年 10 月至 1934 年 11 月，在西非 Bathhurst 和巴西伯南布哥州之间航行。

12 月中旬，汉堡港虽然阳光明媚，但凛冽的东风从北冰洋方向吹来，使白天的气温降至 -13°C。12 月 17 日是南极探险队出发的日子。15 时 30 分，领队里彻走进驾驶舱，向船长下达"施瓦本"号启航的指令。随着汽笛声响起，南极探险队全体队员站立在船栏边，注视着拖轮将这艘 8500 吨的巨轮缓缓拖离码头。未来 6 个月，这艘船将成为他们的家，漫长而艰难的南极探险旅程开始了。

在南极大陆发现圣杯山

在南极探险队抵达南极海域后，两架飞机——"北风之神"号和"热带信风"号迅速完成了检查和调试，随时准备升空。1939 年 1 月 9 日下午，"北风之神"号被安置在弹射器上，飞行员施迈彻及其机组成员身着棕色飞行服在甲板上小心行走，随后进入机舱。施迈彻发出信号，机械师鲍尔操作拉杆，飞机随即发射升空。这是南极探险队的首次飞行，虽为试验性质，却正式开启了这次南极科考的序幕。

"北风之神"号升空后发现，"施瓦本"号附近的冰面并非真正的冰架边缘，那是一条狭窄的冰带，其后隐藏着一个广阔的海湾，而真正的冰架位于更远的地方。随机报务员通过无线电将这一情况通报给"施瓦本"号。船只接到信息后迅速调整

"北风之神"号（老照片）

航线，先向南再向西绕过海岬，最终在南纬 69° 10′、西经 4° 25′ 的海湾处下锚。约一小时后的 17 时 22 分，"北风之神"号顺利返航，试验飞行圆满结束。

　　对南极大陆的空中考察为科学研究开启了新的视角。由于当时是南极一年中难得的短暂夏季，太阳 24 小时都不会落下地平线，所以，里彻队长与全体探险队员商量，要尽可能利用这一个月的宝贵时间，开展尽可能多的考察项目。

　　1 月 20 日凌晨 3 时，飞行所需的气象信息已准备妥当。极昼的午夜天空仍清澈明亮。一切准备就绪，首次摄影测量飞行即将开始，每个人都因即将履行使命而充满期待。格林尼治标准时间 4 时 38 分，"北风之神"号再次起飞，开启首次长距离飞行任务。飞行员施迈彻驾驶着"北风之神"号绕船并摇摆机翼后，便向南方飞去。船上的人望着"北风之神"号渐渐在视野中缩成一个小黑点，直至消失在远方。此次与施迈彻一同升空的还有机械师劳森纳、无线电操作员格鲁伯以及摄影师索特。

　　在船桥上，里彻和南极探险队其他人员对这 4 人的安危颇为担忧。汽油、飞行

Deutsche Lufthansa A. G.　　10 ton Dornier Mail Flying Boat catapulted from the Lufthansa Floating Base MS „Schwabenland" in the South Atlantic

从"施瓦本"号后甲板弹射器上起飞的水上飞机

仪表和发动机能否承受南极空中极端的低温？谁都没有把握。作为首要的预防措施，里彻下令每次飞机飞行时，都要借助罗盘来设定航线，倘若需要改变航向，则必须立刻通过无线电通报具体的时间、飞机方位及任何相关的地标信息，这样在发生意外情况时就可以让救援飞机依据他们所报告的轨迹来进行搜寻。

里彻不停地查看手表，还不时地抬头仰望天空。尽管内心焦虑不安，但为了稳定大家的情绪，他努力让自己表现得轻松自在。他给身边的船长、船医等人讲着极地探险的趣事，以缓和紧张的气氛；同时，他还充当讲解员，向大家介绍"多尼尔-海象"型水上飞机的诸多优点。他特别提到，在1925年，挪威人罗阿尔德·阿蒙森和美国人林肯·埃尔斯沃斯也曾驾驶这款水上飞机前往北极探险，当时虽有一架飞机报废了，但另一架飞机成功从北极海冰中起飞并安全返航。

虽然里彻队长嘴上说着这些令人安心的话，但其实内心十分忐忑，毫无把握。他已经提前下令，让"热带信风"号飞机在弹射器上做好准备，以便在"北风之神"号发生意外时，能立刻升空实施救援。

升空的水上飞机（老照片）

当"北风之神"号飞离"施瓦本"号上空后，施迈彻按照罗盘指示的 179°方向向南飞行。从飞机上看，冰面整体较为平坦，只是偶尔出现一些起伏，并未发现裂缝。6 时 30 分，"北风之神"号飞过一座小型的岩石山峰。远方有一座东西走向的岩石山脊从冰层中高高耸起，这显然是一系列山脉的开端。大约 50 分钟后，他们看到在东边有一座高度约 3000 米的岩石山体。冰层在稳步增高，呈现出自北向南的走势。当飞机在海拔 2300 米以上飞行时，距离地面约 1200 米。7 时 35 分，他们目睹那山脉向东西两侧不断延伸至远方。整座山脉主要由暗褐色的块状岩体构成，偶尔有针状的山峰从岩体中凸起，这些山峰彼此之间被广袤的冰层分隔开来。

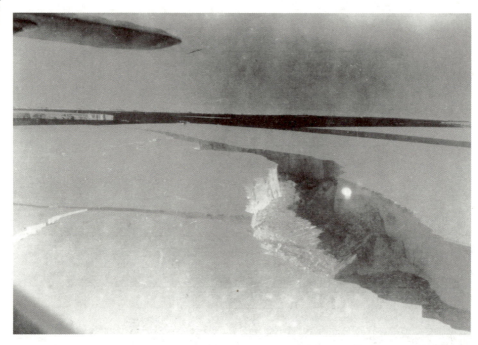

空中俯瞰大冰山

此地的冰原隆起，一座山峰过后紧接着又是一座山峰，层层叠叠的山脉连绵起伏，令人心潮澎湃。

在高空中，探险队员们能依稀见到下方残留的积雪散布在广袤的山地四周，山谷中弥漫着浓雾，而机腹下的地面正持续抬升并向南绵延。早上 8 时 20 分，由于地面仍在不断上升，飞机与地面的距离缩短至仅 100 米，此时飞机的爬升能力已达到极限，机组成员无奈之下只能选择返航。当时他们推测山脉的高度约 4000 米，不过后来证实这个估计值偏高。

返程途中，他们留意到在岩石峰附近存在着巨大的冰裂隙。上午 10 时 15 分，飞机抵达冰的边缘地带。35 分钟后，飞机调转方向，再次飞向内陆，以便拍摄新发现山脉的东侧部分。但遗憾的是，位于右舷的一台高性能照相机出现故障无法正常使用。尽管当时的天气状况非常适合进行航拍作业，但"北风之神"号只能返航。中午 12 时 25 分，飞机重新飞回大海上空。大约 1 小时后，也就是格林尼治标准

德国南极考察队在南极的合影，企鹅后面穿西服者为领队阿尔弗雷德·尤利乌斯·弗里茨·里彻

时间 13 时 35 分，"北风之神"号成功降落在靠近"施瓦本"号的海面上。任务顺利完成，飞行员施迈彻报告称："根据指示，国旗和金属锥均已投放完毕。"

下午 5 时，里彻将全体探险队员召集到沙龙，举办了一场关于首次飞行的座谈会。在热烈的氛围中，飞行员们分享了他们在这次飞行中的发现，还细致地汇报了飞机各个设备部件在极寒环境下的表现。

紧接着，1 月 21 日，星期六，第二次长距离飞行任务正式启动，这一次飞行任务由"热带信风"号执飞，飞行员迈尔负责驾驶。里彻和他的团队则一如既往地坚守在船桥上的海图室中，他们就像一群精准的航海家，依据回传的数据，精心绘制着飞机的航线。在执行飞行任务中，机组成员会根据显著的山峰形态特征为山峰命名。他们赋予了这些山峰富有特色的名称，如"马蹄""金字塔""球体""锥体""野兔的马鞍"等。这些名字不仅为单调的南极地貌增添了几分趣味，更重要的是能协助后续第二架飞机进行精确定位。尤其是在紧急情况下，此类命名可为搜救工作提供关键的地理标识参考，提高救援效率与准确性。

同上次"北风之神"号飞行时的状况类似，此次飞行也受限于稀薄寒冷的空气，飞机无法继续爬升，只能就此止步，无法进入极地高原。在 9 时 08 分，"热带信

降落在南极冰海中的水上飞机

风"号突然被白色雪雾笼罩，原本可见的崇山峻岭消失在视野中，取而代之的是一片乳白色，四周什么都看不见。于是，飞机立刻调头离开山区，待恢复视野后向东飞行了 30 千米，然后切换到返程的航线上。在整个飞行过程中，机组每分钟都会对 200 平方千米的区域拍摄照片。

1 月 22 日，迈尔继续驾驶"热带信风"号度周末。一切都很顺利，航空摄影作业也形成了一套流程。气压计读数开始下降，厚厚的云层逐渐汇聚，遮蔽了天空，船上的气象设备预报警告次日天气将急转直下，而且这种糟糕的天气有可能持续一周。位于东面 1000 千米的捕鲸母船"联合"号发来了无线电信息，称他们遇到了同一股东风，只不过这股风在他们所在的位置更加强劲，达到了 7 级。随后不久，"施瓦本"号就开始在东风吹起的大浪中起伏摇摆了。

1 月 28 日天气好转后，探险队于次日重启长距离飞行任务。每次长距离飞行都能成功拍摄上千平方千米未知区域的照片。施迈彻驾驶"北风之神"号圆满完成

南极内陆飞行，可以看到机翼下穿透冰原的山峰

了第 4 次长距离飞行任务，他一路抵达了南纬 72.30°，因飞机在稀薄寒冷的空气中爬升乏力，只能无奈折返。在飞行过程中，他们从各个角度完整地拍摄了山区东部，这一地区后来被命名为"里彻地"。

　　1 月 30 日，"热带信风"号进行了第 5 次长距离飞行，飞过的一组山脉最终被命名为"德里加尔斯基山"，另一座山被命名为"菲尔希纳山"，以此纪念两位令人敬仰的德国极地科学家。其中一座高峰的外形堪称大自然的鬼斧神工，极具辨识度，可作为一个潜在的导航标志，机组成员为其取名"圣杯山"。由于设备限制，他们没有为这座山峰拍照，但比卢绍夫凭借其绘画功底，迅速完成了一幅速写，为后人留下了这座山峰的生动影像。

　　2 月 3 日，当"热带信风"号进行第 7 次长距离飞行时，施迈彻安排里彻乘坐"北风之神"号从海岸前往内陆进行一次侦察飞行。飞行途中，他们突然发现下方一片裸露的岩石区，那里星罗棋布地分布着众多小湖泊。这个意外的发现让他们兴

1983 年德国发行《“施瓦本”号和水上飞机》明信片

1983 年巴拉圭发行《"施瓦本"号和水上飞机》邮票小版张（样票）

2010 年德国发行《"施瓦本"号纪念封，盖基尔港纪念邮戳

2010 年德国发行《"施瓦本"号》邮资纪念封

奋不已，于是在次日又专门组织了一个航次，对这片区域进行了详细拍摄。他们将其命名为"施迈彻蓝堡"，现在被称为"施迈彻绿洲"。在绿洲的北部边缘，从内陆延伸出来的冰盖形成了一个数十米高的陡峭冰崖，景象壮观。然而，由于这些湖泊面积太小，飞机无法降落在上面，这让里彻感到十分失望。他在笔记中写道："这个绿洲的条件十分有利于建设后勤保障中心，未来的南极考察活动可以充分利用这一优势。"事实证明，他的判断极具前瞻性，这个绿洲后来相继成为苏联（俄罗斯）的新拉扎列夫站、波兰的绿洲站、民主德国的乔治·福斯特站以及印度的迈特站的所在地。

2 月 5 日，迈尔驾驶着"北风之神"号执行了最后一次飞行任务，这次飞行主要是沿着海岸线仔细查看冰面状况，确保他们的船能够顺利地从中央水道穿过浮冰带，向北驶入开阔的海域。在飞行过程中，他们再次在冰架边缘安全着陆，这次选择的登陆地点位于 69° 55′ S，01° 40′ W，这里的浮冰边缘高出海面大约 1.7 米。

当天晚些时候，格林尼治时间 15 时 10 分，"施瓦本"号探险船在完成所有的南极考察任务后，拉响了一长串响亮的雾号，蒸汽机马力全开，船身开始缓缓移动，终于踏上了回家的旅程。

归来之后

在探险队踏上归途之际，消息从南非开普敦传回德国，并于 1939 年 3 月 6 日作为官方通稿发布给各国媒体。3 月 10 日，《英国每日电讯报》汇总了国际媒体的信息，率先报道了里彻团队成功测绘了南极部分大陆。该报道特别指出，这一考察成果"引起了一些关于德国是否打算对这一区域宣示主权的猜测"。该报道还提到，虽然挪威确实对这片区域宣示了主权，但"这部分南极洲从未被挪威探险家踏上或飞行过"。

类似的内容也出现在《纽约时报》上。面对这些报道，挪威迅速做出回应，提醒公众，这片区域已经由拉尔森·克里斯坦森进行了详细的测绘和拍照，并且挪威政府早在 1939 年 1 月 14 日就宣布对这一地区拥有主权。3 月 10 日，《英国每日邮报》报道称"德国和挪威之间可能就这个问题起冲突"。3 月 14 日，《伦敦泰晤士报》刊登了类似的报道，但进一步指出官方公报中有这样的表述："在对里彻队长详尽报告进行研究之后，可能会决定采取必要步骤以确保德国科考的结果。"

当船只于 4 月 12 日至 13 日抵达德国时，又引发了新一轮的报道热潮。4 月 12 日，《纽约时报》对德国的南极探险队的成果进行了总结。报纸还报道了挪威对德国可能提出主权要求的焦虑情绪。显然，全世界都意识到这次南极探险潜在的地缘政治影响，而这种意识也促使美国重新审视并调整了其南极洲政策。对此次南极探险的相关报道无疑激发了那些对南极怀有浓厚兴趣的科学家们的好奇心，但后来因战争爆发，南极考察结果未能及时发布，令这些科学家们十分失望。

流产的第二次南极考察

1939 年 4 月 27 日，沃尔塔特召集里彻以及各政府部门、德国研究基金会、海军和汉莎航空的官方代表，共同商讨关于南极未来的发展规划。会议纪要显示，如何维持德国在南极探险队飞越区域的领土主张成为关键议题。与会者达成共识，提出分三步走的战略：首先，应开展第二次南极考察；其次，推迟基于首次南极考察的领土主张，直至获得科学论文及期刊文章的有力支持；最后，在第二次南极考察归来后，必须制定并准备公布一份正式的德国领土主张政治纲领。此外，会议还涉及新发现山脉的命名事宜，他们决定遵循国际惯例，避免使用政客或在政治界有特殊意义的人物的名字。因此，最初提议的"赫尔曼·戈林地"命名被弃用，该地区最终定名为"新施瓦本地"，与菲尔希纳山的一座山峰"圣杯山"的命名方式相一致。里彻在 5 月 6 日前确定最终命名提案，该提案于 7 月 5 日获得通过。

在接下来的南极探险任务中，里彻计划不再重返新施瓦本地，而是转向南极洲的其他区域。这一决策受到两方面因素的驱动。首先，德国与挪威产生冲突并无益处。挪威已经实际控制新施瓦本地，即挪威成为"毛德皇后地"的区域，而且其主权主张得到了澳大利亚、英国、法国和新西兰的认可。其次，越来越多的证据显示，南极洲的鲸数量并不如预期那样丰富。鉴于此，里彻转而计划在 80°W ～ 180°W 的太平洋海域开展调查，评估该区域的捕鲸前景以及建立基地的可能性。这一计划是基于一份于 1938 年 9 月提交的临时考察报告。当时，尚未有任何国家对西南极洲海岸的别林斯高晋海地区提出领土主权声明。事实上，这一区域几乎未被探索过。1939 年，伦敦捕鲸会议曾提议将该地区划为鲸类保护区，这就意味着如果德国拒绝接受该提议，那么这片区域对于 1940—1941 年度的德国捕鲸业而言将极具吸引力。

沃尔塔特在"施瓦本"号回来的第二天就原则上同意了这个方案，但仍需与有关部门和机构会商后再做出最终决定。此次太平洋考察的核心任务依然是航空侦察测绘，但既往南极考察中地图绘制暴露出的问题亟待解决，因此，此行还要额外承担起为后续狗拉雪橇南极探险寻觅合适陆上控制中心的使命，希望借此保障后续科考活动的顺利推进。而此次考察的成果，也将成为德国是否对该地区宣示主权的重要依据。按计划，太平洋考察队在沿途将重返特立尼达岛和马丁瓦兹群岛，继续开展带有军事目的的考察活动。

里彻提议太平洋考察队最迟于 11 月 15 日从汉堡港起航，以便 1939 年 12 月 20 日能在南极开始工作，充分利用 1939—1940 年的南半球夏季。为节省外汇支出，考察队决定放弃经巴拿马运河航行的路线，转而选择绕道合恩角。

里彻还打算借助动力更强的"多尼尔24"型飞机执行空中摄影测量任务。6月19日，沃尔塔特下达了筹备考察的指令。倘若能如期出发，那么在南极区域的活动时长将比1938—1939年多出整整6周。克鲁尔船长建议将出发日期提前至1939年10月20日，以便为鲸类生态考察留出更多的时间。除"施瓦本"号外，此次还有两艘船专为鲸类研究而行，分别是500吨级的"Kehdingen"号拖网渔船和400吨级的"瓦尔1"号捕鲸船。由于它们速度不及"施瓦本"号，便分别于10月15日和10月11日提前出发。3艘船只预计在南极欺骗岛会合，共同探究太平洋水域捕鲸的可行性。回程途中，探险队还计划登陆南乔治亚岛，进行更多的科学考察，这无疑延续了德国在第一个国际极地年（1882—1883年）于南乔治亚岛Moltke港的研究工作。

这个方案要求两项主要活动齐头并进。如往常一样，两架"多尼尔24"型飞机将在以"施瓦本"号为中心的1000千米半径内，对南极的新区域进行细致勘察。与此同时，只要海冰条件允许，"Kehdingen"号和"瓦尔1"号将试着在冰架边缘停靠，目的是搭建小型帐篷，为后续架设陆基电台做准备。按设想，一架低速的"费舍勒—斯托奇"型飞机将在此降落，用以探测电台周边100～150千米范围内的环境；另外，一架总起飞质量达9.2吨、配备两名机组成员的"容克Ju52"三发动机飞机也将降落，其飞行半径和最高升限均超越"多尼尔24"型飞机。借助这些优势，"容克Ju52"三发动机飞机将会代替灵活性较差的"多尼尔24"型飞机进行接下来的考察任务。无论是"容克Ju52"三发动机飞机还是"费舍勒—斯托奇"型飞机，均具备在冰面跑道起降的能力，这一思路与美国海军上将理查德·伯德此前的南极考察有着异曲同工之妙。为保障飞机的运行，他们将在南极设立一个小型地面服务站，供科考期间飞机补充燃料以及机组成员住宿。该帐篷城也将作为地球物理研究的前沿基地。但并非所有的科考队都计划开展大规模的地面探索活动，一些南极探险队因未携带雪橇犬队，只能局限于基地内及周边区域展开研究。

然而，世事难料，1939年9月，第二次世界大战全面爆发。这直接导致"施瓦本"号无法按原计划在1939—1940年的南半球夏季前往南极。在1939年9月5日的会议上，沃尔塔特无奈之下正式叫停了所有南极探险准备工作，次日便终止

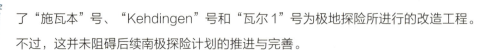

了"施瓦本"号、"Kehdingen"号和"瓦尔1"号为极地探险所进行的改造工程。不过，这并未阻碍后续南极探险计划的推进与完善。

沃尔塔特对后续的南极探险计划依旧很感兴趣，他鼓励里彻继续为1940—1941年南半球夏季的德国南极探险出谋划策。里彻此时正被空中摄影调查的失望结果所困扰，在太平洋地区的活动也因美国的介入而被迫后推，于是他开始思考通过狗拉雪橇的方式重回新施瓦本地，建立缺失的陆基控制点。在他看来，倘若能有精准的调查地图以及良好的地面控制，德国宣示主权时无疑会更有底气。毕竟，挪威人此前仅观测到浮动冰架的边缘地带，其说服力远不及全面的南极陆地调查成果。

里彻相信，他能够在施迈彻绿洲与沃尔塔特断层的临时营地开展工作，通过3～4周的地面勘查获取必要的证据。他计划动用飞机运送人员及犬队。此外，他还提出使用两架"多尼尔24"型飞机对凯撒·威廉二世地进行空中摄影，以此作为调查的补充方案。他还打算借助速度较慢的"费舍勒—斯托奇"型飞机，将人员投送到靠近南极内陆的区域，以实施地面控制。不过，这一行动可能会侵犯澳大利亚的权益，因为该国已于1936年对从45°E～160°E延伸至南极点的区域宣示了主权。这或许是沃尔塔特选择新施瓦本地方案的原因之一，里彻随即开始制订更加详尽的计划。此外，德国于1940年4月9日入侵挪威，将英国人挤出了斯堪的纳维亚半岛，掌控了不冻港纳尔维克，确保了瑞典铁矿石的稳定输往德国。在入侵挪威的同时，德国与英国在南极地区的主权争夺也愈发激烈。

然而，计划再度落空。1940年年底，战争仍然处于胶着状态，"施瓦本"号仍被海军征用。直至1941年11月1日，科考办公室关闭，所有的南极计划终被废止。

余音

战争爆发后，德国南极探险队中的众多科研人员被征召入伍。这使得他们失去了在南极探险报告的基础上继续深入研究的机会。1945年后，几乎所有针对南极探险资料的分析工作都被终止。通常来说，人们本期望这些科研人员能够在国内外的科学会议以及科学期刊上分享和发表他们的研究成果。然而，战争的爆发无情地

1992 年德国发行《1938—1939 年南极考察》纪念封，图案为领队里彻，由澳大利亚南极莫森站邮局寄往德国

打乱了这一切，导致德国南极考察成果在国际上产生的影响远未达到预期。

而这场战争还给德国南极考察队带来了更为惨痛的损失。海洋学家卡尔－海因茨·保尔森、地球物理学家利奥·吉布雷克、生物学家埃里希·巴克利和气象学家海因茨·兰格这 4 名科考人员在战争中阵亡，对于本就人员精简的科研团队来说，这无疑是沉重的打击。屋漏偏逢连夜雨，负责考察后制图的分析师奥托·冯·格鲁伯也在 1942 年离世，终年 57 岁。雪上加霜的是，部分科考资料在战争中不幸损毁，例如，莱比锡地球物理研究所存储的地球物理数据以及巴克利的浮游生物标本均在空袭引发的火灾中被毁；大部分 18 厘米 ×18 厘米的空中摄影底片也未能逃脱空袭的破坏。不过，一些气象学数据、海洋学资料得以保存，包括回声数据、许多空中摄影照片以及用于地图制作的关键信息。

战争期间，科考船"施瓦本"号也难逃厄运。它被军队征用，部署在挪威海岸充当海上机场。1944 年 4 月，"施瓦本"号被一颗鱼雷击中，随后在沙滩上搁浅。最终，它漂回了海里，并被拖至埃格尔松，之后又被拖到奥斯陆充当居住空间。战后，"施瓦本"号被归还德国，并被拖回基尔。在那里，它被部分拆解，剩余的船体由科塔斯船长驾至海中，于 1946 年 12 月 31 日在斯卡格拉克海峡沉没。

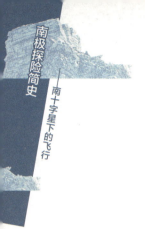

国际地球物理年前后南极的天空

经过 10 年休养生息后，北半球国家再次把目光聚焦于南极洲。

南极第一枪

1952 年 2 月，英国补给船"约翰·比斯科"号抵达南极半岛的希望湾，准备重建 1948 年 11 月遭火灾摧毁的基地。然而，英国人发现两艘阿根廷海军补给舰已停靠码头，正忙碌卸运物资，显然阿根廷已占领此地。英阿两国均视希望湾为自己国家的领土。此次阿根廷海军荷枪实弹，向无武装的英国民船打响了南极第一枪。消息传至马尔维纳斯群岛（福克兰群岛）后，总督迈尔斯·克利福德爵士即刻率皇家海军陆战队，乘坐护卫舰"伯格黑德湾"号赶赴 1400 千米外的希望湾。

但是，英国人抵达希望湾并登陆后，除企鹅、海豹和海鸟外，未见任何人员。事件发生后，英国政府向阿根廷政府提出抗议。阿根廷总统胡安·庇隆道歉，并撤走了阿方人员，而埃斯佩兰萨基地的领队被当作了替罪羊。

2003 年英属南极领地发行
《希望湾站及邮戳》邮票

2003 年英属南极领地发行
《欺骗岛站及邮戳》邮票

争夺欺骗岛机场

1953 年 1 月，阿根廷海军为了加强"领土意识"，从阿根廷本土运送 10 吨土壤至欺骗岛上，声称用于种植蔬菜，实际上是表明欺骗岛是属于阿根廷的一种宣传举措。此前，南极洲尚未发现土壤。随后，阿根廷在 1928 年休伯特·威尔金斯修建的机场上建了一栋小屋，搭建帐篷，并竖立了一根旗杆。

智利不甘示弱，宣布将在岛上建立主要机场，对抗阿根廷。智利同样建了一栋小屋，并用白漆在威尔金斯机场跑道上醒目地涂写"CHILE"。

1954 年 2 月 15 日，英国海军护卫舰"阻击"号载着代理总督科林·坎贝尔、2 名警察及 15 名皇家海军陆战队队员抵达欺骗岛。英国人上岛后，拆除了智利和阿根廷的建筑，逮捕了两名阿根廷看守。在"阻击"号上，英国警察宣布将二人驱逐，并将其移交给一艘前往布宜诺斯艾利斯的阿根廷船只。

1954 年南极夏季，阿根廷总统胡安·庇隆虽未再派人上岛，但要求空军每天派飞机飞越欺骗岛，以彰显"阿根廷对其南极领空行使主权"，并在南极半岛顶端的敦提岛上建立空军基地。同年 2 月，阿根廷海军部部长、海军少将阿尼巴尔·奥利维耶里巡视了所有"阿属南极"海军基地。

欺骗岛英国考察站邮局于 1967 年 11 月 29 日寄往利比亚的最后邮件

1967 年 12 月 7 日欺骗岛火山喷发照片（在停靠海湾的"沙克尔顿"号上拍摄）

　　最终，3 个国家勉强达成和解，各方默认对方能增设新基地。1954—1955 年，阿根廷和英国在南极半岛各建有 8 座基地，智利则建有 4 座基地。

　　1967 年 12 月 6 日（智利时间），欺骗岛上的火山喷发，摧毁了智利考察站，掩埋了威尔金斯机场跑道，英国和阿根廷的考察站遭到破坏。1969 年和 1970 年，火山多次喷发。直至 20 世纪 90 年代，欺骗岛上地震仍频发，水温升高，形成众多温泉。如今，在岛上捕鲸者湾边挖开沙子就能泡温泉，而那些被火山摧毁的考察站以及被火山灰和流沙掩埋的设施，至今仍清晰可见。

国际地球物理年

1950年6月，在比利时布鲁塞尔召开的国际无线电科学联盟（URSI）会议上，美国与英国部分地球物理学家提议，将原本50年一次的国际极年观测活动调整为25年一次，并举办第三次国际极地年（IPY3）大会。该提议获得了国际科学联合会理事会等国际组织的广泛支持。第二次国际极地年大会于1932—1933年举办，当时距离把德国南极探险队带往南乔治亚岛的第一个极地年已经过去50年了。受经济大萧条影响，第二个国际极地年的科研活动主要集中在北冰洋与北极地区。

第三个国际极地年的工作重心是南极洲，同时兼顾北极地区、赤道地带和中纬度地区。这是一次全球性的联合观测活动。国际科学联合会理事会将第三个国际极地年改名为"国际地球物理年"（IGY），时间从1957年7月1日到1958年12月31日，为期18个月。

在国际地球物理年之前及期间，共有12个国家——阿根廷、智利、英国、澳大利亚、比利时、法国、日本、新西兰、挪威、南非、苏联和美国，在南极洲沿海

1958年新西兰罗斯领地发行英联邦国家首次穿越南极探险纪念封寄英国

及内陆地区设立了 50 多个基地，其中部分基地仅为临时使用，而另一些则发展成为永久性科考站。例如，美国在南极点建立了阿蒙森—斯科特考察站；苏联在东南极大陆设立了和平站，同时在内陆不可接近之极建立了东方站；英国在哈雷湾设立了基地；法国建立了迪尔维尔站；日本建立了昭和基地；澳大利亚建立了莫森站；新西兰则在罗斯属地建立了基地。这些基地附近均配备了冰雪跑道，可起降大中型运输机。此外，飞行基地内还配备了中小型直升机和狗拉雪橇队，能够在短时间内快速运送人员和物资至考察基地。这些飞机和直升机还承担着为船只进行空中导航以及飞行测绘等任务。

由澳大利亚、英国、新西兰和南非 4 国政府资助并提供后勤保障的英联邦南极探险队由英国人维维安·福克斯担任总指挥，新西兰登山家埃德蒙顿·希拉里爵士负责领导支援工作。在 1957—1958 年夏季，该探险队实现了从威德尔海边经南极点至罗斯海麦克默多湾的陆地穿越。他们采用机动车运输装备，狗拉雪橇队探路，同时有飞机空中支援，这几乎是沙克尔顿当年"坚忍"号探险计划的新版。

福克斯成功完成了南极大陆的首次陆上穿越，实现了沙克尔顿未竟的梦想，其成功的关键因素包括持续的空中侦察与导航以及有效的紧急医疗事件处理。

《南极条约》的签订

1958 年，国际地球物理年活动期间，美国召集参与 IGY 活动的 12 国代表开会，就南极的未来展开激烈讨论，焦点是南极矿产资源的开采和领土划分问题。美国行动协调委员会提出，美国应倡导国际管理南极的动议，以全人类的名义与各国谈判制定《南极条约》。经美国总统德怀特·戴维·艾森豪威尔授权，退休的外交家保罗·丹尼尔斯被选中负责这项任务。

随后，丹尼尔斯获准与英国、澳大利亚和新西兰进行谈判，并与其他国家广泛磋商。1958 年 4 月，美国国务院向其他 11 个 IGY 参与国发出照会，就未来《南极条约》中涉及南极国际科学合作、禁止军事活动和冻结领土主权要求等条款征询意见。英国和英联邦国家澳大利亚、新西兰和南非仅勉强支持。智利和阿根廷对所

美国南极点站实寄加拿大的纪念封

1959 年由苏联南极东方站邮局邮寄往苏联列宁格勒的纪念封

121

新西兰 1984 年发行《参与南极考察》邮票小全张，其边框图案是在飞行基地内由狗拉雪橇队转运物资

IGY 期间的比利时直升机"贝尔 47-H"和"奥斯特 6"型轻型空中观察哨飞机明信片

有涉及主权的条款极为敏感。法国反对所有可能被视为侵犯其在阿德利地领土权益的行为。苏联提议暂不提及领土主权问题，留待更多国家参与的会议讨论。

在此期间，印度向联合国提交了一项提案，要求联合国介入南极事务，但联合国没有这方面的打算，印度不得不在 1958 年 9 月撤回了提案。

1959 年 10 月 15 日，参与 IGY 南极考察的 12 个国家再次齐聚一堂，经过一系列艰苦的谈判和非正式会议，最终就《南极条约》的准确措辞达成了共识。与会代表于 1959 年 12 月 1 日正式签署了该条约。1961 年 6 月 23 日，随着最后一个国家智利国会的批准，《南极条约》正式生效。

在处理南极洲的主权问题和领土划分上，《南极条约》规定，12 个缔约国将暂时冻结对南极洲的领土要求，而非永久放弃。这意味着未来仍有可能重新审视这些要求。其中，澳大利亚、新西兰、挪威、英国、法国、阿根廷、智利 7 个国家一直在等待这一天的到来，并通过各种方式表明其在南极的存在，如将南极领土纳入本国地图、写入宪法、设立海外省、发行纪念邮票以及建立移民村等。

阿根廷的南极飞行

自 1952 年起，阿根廷空军采用配备滑橇式起落架的 "C-47" 型双引擎运输机，为南极科考站运送后勤物资。到了 1965 年 9 月，阿根廷空军开始筹备穿越南极的航线。编号为 "TA-05" 的 "C-47" 型双引擎运输机（以下简称 "C-47"）从埃尔帕洛马空军基地起飞，抵达里约加列戈斯空军军事基地，于 9 月 27 日飞往南极洲的马蒂恩佐基地，后增派了两架 DHC-2 Beaver（P-05 及 P-06）单发轻型飞机。11 月 3 日，C-47 和两架 DHC-2 飞机组成的三机编队从贝尔格拉诺基地出发，开始了正式的穿越飞行。经过 8 小时 50 分钟的飞行，编队成功穿越南极点抵达阿蒙森—斯科特考察站。11 月 11 日，C-47 留下两架 DHC-2 飞机后，独自顺利飞抵麦克默多站，开创了阿根廷历史上第一条南极穿越航线。11 月 25 日，TA-05 从麦克默多站起飞返航，与留在南极点的 DHC-2 飞机汇合后，又经过近 14 小时、2822 千米的飞行，成功降落在贝尔格拉诺基地，并最终平安返回布宜诺斯艾利斯。

1974 年阿根廷总统专机福克 −27 "探戈一号"第二次降落马兰比奥的纪念封

    阿根廷实现了首次穿越南极大陆的飞行，这一壮举使阿根廷能够通过南极洲与大洋洲国家以及其他国家建立更紧密的联系。

    自 1969 年 9 月 25 日起，在马兰比奥南极科考站的建设阶段，阿根廷空军的 C-47 积极投身于物资运输工作。到了 1970 年 4 月 11 日，C-130 也开始在马兰比奥南极科考站进行降落作业，而由海军准将阿图罗·甘尔多菲驾驶的 TC-61 更是成为首架在此降落的飞机。1973 年 6 月 28 日，阿根廷总统专机福克 -27 "探戈一号"成功降落在马兰比奥科考站，它也是第一架飞抵该科考站的喷气式飞机；随后在第二年再次降落于此。自 20 世纪 70 年代起，DCH-6 "双水獭"飞机也开始在南极地区投入使用。1973 年 11 月，阿根廷空军开启了一项新的飞行任务，执飞机型为 C-130，该机型首次顺利完成了从里奥·加耶戈斯（阿根廷）出发，依次飞往马兰比奥南极科考站（南极洲）、基督城（新西兰）以及堪培拉（澳大利亚）的往返飞行任务，这标志着阿根廷在南极洲的航空探索迈出了重要的一步，进一步加强了与各大洲的联系。

    1980 年 6 月 7 日，阿根廷航空开辟了前往大洋洲的跨南极航线，这是从布宜

1965 年阿根廷发行
《C-47 飞临马蒂恩佐
基地》邮票

1965 年阿根廷发行《C-47 飞临马蒂恩佐基地》首日明信片

诺斯艾利斯埃塞萨国际机场出发、经停里奥·加耶戈斯并最终抵达新西兰奥克兰的不定期促销航班，由波音 747 执飞。同年 12 月 2 日，墨尔本与布宜诺斯艾利斯（埃塞萨）之间的直飞航班正式开通，进一步拓展了跨南极航线的覆盖范围。从 1981 年 9 月起，飞往奥克兰的定期航班也投入运营。

这条航线持续运营至 2014 年 4 月 1 日阿根廷航空的末次航班，长达 34 年间不间断地将拉丁美洲与大洋洲相连。尽管阿航因经济效益问题取消了相关航班，但其他航空公司仍利用从埃塞萨和智利圣地亚哥出发的跨南极航线继续运营，延续了这一独特的空中通道。

南极的天空

《南极条约》生效以来的 60 余年间，各国在南极洲的航空建设取得显著进展。至今，已有 13 个国家在南极洲建立了近 50 个机场，并形成 4 条洲际航线。美国、俄罗斯、英国、法国、澳大利亚、新西兰等多国在南极地区建有永久性机场，部分

1980 年 6 月 7 日阿根廷航空首次穿越南极洲至香港纪念封

还在使用的马兰比奥站
纪念章

机场设施完备，可保障空中客车 A319、C-17"环球霸王"等大型飞机的起降。

在最近几年参与南极活动的固定翼飞机主要分为军用固定翼飞机与民用固定翼飞机两类。就军用固定翼飞机而言，有 C-130"大力神"和 C-17"环球霸王"这两种机型；而民用固定翼飞机则涵盖了"双水獭"飞机、"巴斯勒"飞机以及"冲 7"飞机等多种机型。军用固定翼飞机方面，来自美国、澳大利亚、意大利、新西兰这 4 个国家的共 18 架飞机参与其中；民用固定翼飞机数量则更多，有来自美国、英国、德国、中国等 10 个国家的共 39 架飞机。其中，"巴斯勒"飞机的使用最为频繁，飞行总里程最长，全程累计达到了 1.07×10^6 千米。

C-130"大力神"运输机由美国洛克希德公司于 20 世纪 50 年代设计制造，这是一款四发涡桨多用途战术运输机，现在仍在全球 50 多个国家的空中运输中发挥着主力作用。而 C-17"环球霸王"是波音公司为美国空军打造的大型军用运输机，配备了 4 台普惠公司生产的 F117-PW-100 涡扇发动机，具备在较短简易跑道上起降的能力。这两种军用运输机在南极科考领域具有不可替代的地位，为科考团队的物资运输和人员往来提供了坚实保障。

在民用飞机方面，"双水獭"飞机由加拿大 De Havilland Canada 公司研发，是一款短距起降通勤飞机，可在冰面和水上作业，适合将人员和物资运往偏远且未开发的地区。"巴斯勒"飞机由 Basler Turbo Conversions 公司生产，基于"道格拉斯"DC-3 改进而成，具备长时间低速飞行能力，可满足特殊飞行需求。"冲7"飞机由英国南极调查局运营，是一种高翼、四引擎涡轮螺旋桨飞机，与"双水獭"飞机性能相似，结构坚固，具有良好的短距离起降性能，能在南极复杂环境中稳定运行。这些飞机凭借各自优势，为南极科考活动提供了多样化支持。

近年来，参与南极活动的民航客机涵盖了多个航空公司。其中，澳大利亚 Skytraders Pty Ltd 运营的空中客车 A319 尤为知名。2008 年 1 月 11 日，一架空中客车 A319 客机从澳大利亚霍巴特飞抵南极洲蓝冰跑道，开启了商用航班通往南极洲的先例。这架双引擎飞机凭借最大航程 9260 千米的优势，能够完成澳大利亚霍巴特至南极洲往返不加油的飞行，往返一次总航程约 7408 千米。

苏联时期伊尔设计局研制的"伊尔 76"四发动机大型运输机，由俄罗斯 Volga-Dnepr Airlines 运营，主要承担俄罗斯各南极科考站的定期货运任务，但因事故率较高，被一些国家称为"飞行棺材"，甚至被明令禁止本国南极探险队队员搭乘。

除了这些大型飞机，还有部分航空公司专注于中小型飞机的商业运行，主要涉及南极洲的空运业务，包括运送南极探险队队员和游客、开展南极私人观光以及紧急情况下的运输等，被形象地称为"南极空中出租车"。

目前共有 4 条洲际航线往返南极，其一是从南美洲智利、阿根廷起飞，降落至南极半岛；其二是从新西兰基督城进入罗斯海区域的南极美国麦克默多站；其三是从澳大利亚塔斯马尼亚州首府霍巴特直飞南极澳大利亚凯西站；其四是从南非开普敦飞往南极毛德皇后地，该条航线也被称为毛德皇后地航空网项目，主要为在东南极洲建站的比利时、芬兰、德国、印度、日本、荷兰、挪威、南非、俄罗斯、瑞典、英国 11 个国家提供航空服务。

2018 年新西兰南极罗斯领地发行《飞行器》限量版邮票小全张

"双水獭"飞机（前）和"冲 7"飞机（后）在英国罗瑟拉站附近

在众多往返南极的航线中，从智利、阿根廷至南极乔治王岛，以及从新西兰基督城直飞南极美国麦克默多站的两条航线飞行频次最高。智利的马尔什空军基地和美国麦克默多站的海冰机场是主要降落点。位于南极澳大利亚凯西站东南 70 千米处的威尔金斯机场，支撑着澳大利亚的定期航班，洲际航班单程飞行时间大约需要 4 个半小时，飞机通常会在南极机场停留 2 小时，再返回霍巴特。

俄罗斯新拉扎列夫站的蓝冰机场、挪威特罗尔站的蓝冰机场及英国的狼牙机场则是毛德皇后地航空网项目进出南极的主要枢纽。蓝冰是高度密实化的冰川冰，具有较高的密度与硬度，能够承载中型 / 重型轮式运输机的起降。2017 年 12 月 16 日，北京时间晚间，一架载有 22 名乘客的中国商用飞机从中国香港出发，历经 15 小时飞行抵达南非开普敦进行补给，随后再经过 5.5 小时飞行，平安降落在狼牙机场，这一壮举开创了中国商用航空飞机首航南极的历史。

除了洲际航班，在南极洲还有内陆航班，这些航班就像活跃的蜻蜓，飞翔在各国考察站、科考基地和旅游探险营地之间。英国罗瑟拉站的冰山机场、智利的联合

1998 年 8 月新西兰空军执行南极紧急医疗飞行纪念邮简（由 C-130 执飞，从新西兰基督城——南极美国麦克默多站——基督城）

新西兰空军南极仲冬飞行纪念封，加盖指示戳，原定于 1995 年仲冬空投，但运输推迟，
1995 年首次仲冬飞行在 1995 年 8 月 23 日进行

冰川营地、英国的蓝天营地等 11 个地点是内陆航班的主要降落机场。英国罗瑟拉
站自 1991 年起便建有一条砾石跑道和一条冰雪跑道。而智利的联合冰川营地和英
国的蓝天营地则建有蓝冰跑道。2015 年 11 月 26 日，冰岛航空公司 Loftleidir 的
一架波音 757 客机首次成功降落在南极联合冰川营地的蓝冰跑道上。

在众多内陆航线中，美国麦克默多站至美国南极点的航线飞行密度较高。其他
使用频次较多的航线还包括英国狼牙机场至南极点、俄罗斯新拉扎列夫机场至挪威
特罗尔站、联合冰川营地至南极点、罗瑟拉站至蓝天营地、罗瑟拉站至联合冰川营地、
意大利马里奥·祖切利站至法国迪蒙·迪维尔站、马里奥·祖切利站至康科迪亚站（法
国和意大利联合站）等。美国麦克默多站是西南极地区的重要航空枢纽，而英国罗
瑟拉站则是南极半岛区域的航空枢纽。

中国当前在南极科考中使用的是"雪鹰"601 号巴斯勒固定翼飞机，该飞机由
"DC-3"型飞机（现称为"巴斯勒"）改进而来，自 2015 年起列入中国南极考
察机队，由中国极地研究中心拥有和管理。这架飞机在加拿大注册，航空运营和维
护服务由位于加拿大阿尔伯塔省卡尔加里市的肯博雷克航空有限公司提供。

"雪鹰"601 飞机主要在昆仑站、中山站和泰山站附近进行考察活动。2017

俯瞰英国罗瑟拉站

年1月，"雪鹰"601飞机首次成功降落在位于南极冰盖之巅冰穹A地区海拔4090米的昆仑站机场。

在南极洲出现了近50座机场，这一数字令人震惊和不安。当初，人类开展国际地球物理年观测活动，之后签订《南极条约》，旨在探索和保护这片地球净土。然而，人类为了自身出行便利，频繁使用飞行器，对南极原住民——企鹅、海豹、鸟类的栖息地造成了不可逆转的破坏。

1987—1988年，法国在南极迪蒙·迪尔维尔站建设飞机跑道的事件就是一个典型例子。当时，这条飞机跑道的施工引发了诸多争议，包括对炸毁企鹅栖息地的争论。法国科学家也承认，该建设确实违反了《南极条约》的规定。绿色和平组织的15名抗议者聚集在工地上阻止施工，这一事件成为世界主要报纸的头条新闻，

"雪鹰" 601 飞机

传遍了全球。在抗议活动当天，施工工人粗暴对待在场的绿色和平组织的抗议者，尽管抗议者不畏暴力威胁，但最终还是被赶出了工地。然而，第二天抗议者们又重新占领了跑道施工现场。最终，这一事件有了较为圆满的结果：1994 年，法国取消了在南极迪蒙·迪尔维尔站建立飞机起落跑道的计划。

俯瞰英国罗瑟拉站机场跑道

人类登月前冯·布劳恩为什么去南极

1969 年 7 月 20 日，美国宇航员尼尔·奥尔登·阿姆斯特朗踏出"阿波罗 11 号"登月舱，迈出人类在月球上的第一步，这是人类探索宇宙最耀眼的时刻。

联合国和平利用外层空间委员会报告草案中称："委员会参考设立国际月球日的提议并决定建议大会在 2021 年第 76 届会议上宣布，将国际月球日定于每年 7 月 20 日。"2021 年 9 月 8 日，联合国大会将美国首次载人登月考察的日期定为国际月球日。

美国的登月工程被称为"阿波罗计划"，其成功背后离不开一位关键人物——冯·布劳恩。

冯·布劳恩于 1912 年 3 月 23 日出生于德国

1967 年 1 月 7 日冯·布劳恩在美国南极点站

1992年德国发行《纪念人类制造飞行器首次进入太空50周年》镶嵌银章纪念封

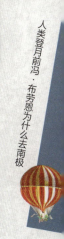

东普鲁士地区。他在1932年取得了航空工程专业的学士学位，随后在1934年获得了物理学博士学位。

1942年10月3日，在冯·布劳恩的领导下，其团队精心研发的V-2火箭在德国佩内明德基地成功发射。该火箭升空高度达到了90千米，这标志着人类制造的飞行器首次进入太空，因此这一天被视为人类太空时代的开端。

1944年3月13日，冯·布劳恩和两名同事被盖世太保逮捕，理由是他曾说过"他未曾想把A-4（V-2）设计成一种武器，而是要用于太空旅行上"。

经过多方努力，3位顶级火箭专家被暂时假释3个月，3个月后假释继续生效。

1945年5月2日，冯·布劳恩通过弟弟马格努斯联系上了美军，这批顶级火箭专家由此获得了美军的保护。据与冯·布劳恩接触的美军回忆，对这个33岁精力充沛的人有所怀疑，不敢相信他就是德国的火箭天才，这个人在他们眼中，似乎太年轻，太胖且太活泼了！

1946年，冯·布劳恩及其团队的114名成员依据"回形针计划"前往美国，开启了火箭事业的新篇章。

由于位于美国新墨西哥州的白沙导弹试验场（WSMR）靠近墨西哥边境，曾发生V-2火箭误入墨西哥北部边境城市华雷斯市的事件，险些引发国际争端。1950年，美国军方采纳冯·布劳恩团队的建议，决定在佛罗里达州卡纳维拉尔角建立新的导弹发射场，以实现海上发射，类似于德国佩内明德基地的模式。

2009 年 10 月 21 日德国佩内
明德邮局尾日纪念实寄封

　　1958 年 1 月 31 日，冯·布劳恩团队利用木星 -C 火箭成功将"探索者一号"小型卫星送入太空。次年 3 月 3 日，他们又成功发射了"先驱者 4 号"探测卫星，该卫星以 6 万千米的距离飞越月球，成为美国进入绕太阳永久行星轨道的第一颗卫星。

　　1958 年，时任美国总统的德怀特·戴维·艾森豪威尔将国家航天咨询委员会改组为国家航空航天局（NASA）。1959 年 10 月，冯·布劳恩团队被正式调入 NASA。NASA 在汉斯维尔的陆军红石兵工厂附近新建了马歇尔太空飞行中心，冯·布劳恩自 1960 年起担任该中心主任，任职长达 10 年。

　　1961 年 5 月 25 日，在艾伦·谢泼德完成亚轨道飞行后，时任美国总统的约翰·肯尼迪在参众两院演讲中，参考冯·布劳恩等人的建议，提出美国应在 10 年内实现载人登月的目标，"阿波罗计划"应运而生。它是 NASA 运行的第 3 个载人航天工程。最早的载人航天工程"水星计划"始于 1958 年 11 月，结束于 1963 年，主要目标是每次将一名宇航员送入地球轨道。1961 年 5 月 5 日，美国首位进入太空的宇航员艾伦·谢泼德在"自由钟 7 号"太空舱中停留了 15 分钟。次年 2 月 20 日，约翰·格伦搭乘擎天神火箭驱动的"友谊 7 号"太空舱完成了美国的首次地球轨道绕行。"双子星座计划"于 1961—1966 年实施，与"阿波罗计划"并行，旨在测试"阿波罗计划"所需的关键太空旅行技术。"双子星座计划"主要研发和论证了两架航天器在太空中对接的技术，这对于在月球着陆至关重要。

在"双子星座计划"和"阿波罗计划"如火如荼地进行过程中，1967年1月3日至10日，应美国国家科学基金会（NSF）的邀请，NASA的几位高级官员访问了南极洲。其中包括马歇尔太空飞行中心主任冯·布劳恩、研究项目部主任恩斯特·斯图林格，得克萨斯州休斯敦载人航天中心主任罗伯特·吉尔鲁思、工程与发展部助理总监马克西姆·费格以及现场需求与协调计划总监菲利普·M. 史密斯。

由于NASA此次对南极洲的访问相关文件尚未被解密，因此人们无法获取完整的考察报告，只能通过零散的信息来了解其中的一些情况。

NASA的官员们对美国南极计划的管理程序表现出了浓厚的兴趣。得克萨斯州休斯敦载人航天中心主任罗伯特·吉尔鲁思在考察南极洲后指出，虽然南极洲和月球的环境条件存在巨大差异，但对南极洲和月球的研究成果彼此支持且南极洲和月球的科学探索同等重要。他还指出："无论是南极洲还是月球，科学调查都需要在复杂且冗长的后勤供应链的末端进行。这类似于从遥远的野外基地（如扎克伯格营地）开展各种科学任务的概念。对南极的玛丽·伯德地的研究与首次登月后的探月活动相似，在这两种情况下，为了实现科学研究目标而需要进行的大量业务活动往往容易被忽视。分析过去10年美国在南极探险积累的经验，可能会对NASA的相关工作提供有益的参考和借鉴。"

冯·布劳恩及NASA团队从美国麦克默多站出发，先后前往干谷、新西兰斯科特基地、玛丽·伯德地营地，并登上伯德高原，最终搭乘美国海军的C-130"大

1969年7月20日"阿波罗11号"登月成功纪念封，左侧图案是冯·布劳恩和他的团队

力神"运输机抵达南极点站。每到一处，当地科学人员和军事人员都向他们介绍了正在进行的研究项目和后勤支持工作。此外，NASA 团队还参观了位于罗斯角和埃文斯角的南极历史遗迹——沙克尔顿和斯科特小屋。

在麦克默多站，冯·布劳恩带领的 NASA 团队详细检查了几处关键设施，包括核电厂、盐水蒸馏系统、备用柴油发电厂、新医疗设施和科学实验室，其中对生物实验室给予了特别关注，该实验室正在开展与干谷地区相关的研究项目。

访问干谷地区时，NASA 官员着重询问了有关探测和观察动植物生命的问题。这源于 NASA 在设计用于航天器的生命探测系统时遇到的挑战，他们认为对微生物和昆虫的研究可能揭示其他星球潜在生态区的情况。

在伯德站，NASA 团队参观了建在雪下的居住区域和工作区域。冯·布劳恩评论道："月球表面下的生活条件可能与南极洲冰雪之下的条件非常相似。伯德站的雪下建筑为美国生物实验室和海军人员提供了可用空间。人员可以在相对稳定的热环境中生活和工作，不必担忧暴风雪的影响。如果将结构置于月球表面下几英尺处，温度可维持在约 12° C，并能免受太阳耀斑的破坏。"

在南极洲期间，冯·布劳恩和吉尔鲁斯在麦克默多站、南极点站和伯德站分别就"双子星座计划"和"阿波罗计划"发表了演讲。在麦克默多站的直升机机库中，大约 300 名科技人员和后勤人员聆听了演讲。

此外，NASA 一行人还对南极陨石的回收和研究以及月球车的测试工作进行了考察。值得一提的是，当时"阿波罗 1 号"尚未发射，而将月球车送上月球并进行科学考察的任务是由 1971 年 6 月 26 日的"阿波罗 15 号"执行的。

就在 NASA 一行人离开南极洲后的 1 月 27 日，在佛罗里达州卡纳维拉尔角空军基地进行的发射演练测试中发生了一场大火，导致 3 名宇航员不幸遇难。为了悼念逝者，也为了完成机组成员遗孀的心愿，这次试验任务被重新命名为"阿波罗 1 号"。

在"阿波罗 1 号"（原名 AS-204）之前的 3 次无人的"阿波罗-土星"测试飞行均未使用序列号命名。自"阿波罗 1 号"之后，后续飞行任务开始采用"阿波罗"序列系统进行命名，从"阿波罗 4 号"开始，随后依次为"阿波罗 5 号"和"阿波罗 6 号"。这一决定是因为在"阿波罗 1 号"之前已经进行了 3 次测试飞行。

1967年1月9日由美国海军南极邮局寄往美国纽约的NASA南极研究组公函纪念实寄封，上有美国宇航员小詹姆斯·阿瑟·洛弗尔的亲笔签名

美国东部时间1968年10月11日上午11时2分，"阿波罗7号"在肯尼迪角空军基地发射，这是唯一一次使用"土星1B"运载火箭发射的载人航天任务，也是该基地的最后一次火箭发射任务。此次任务旨在测试指挥舱/服务舱的绕地飞行性能，未携带登月舱，选用"土星1B"火箭是因为任务仅需在近地轨道进行。任务圆满成功，飞行器和宇航员在11天内绕地球163圈，最终于10月22日落入大西洋。这次成功增强了NASA的信心，促使其决定将"阿波罗8号"送入月球轨道。"阿波罗8号""阿波罗9号"和"阿波罗10号"任务均取得成功，尤其是"阿波罗10号"，其返程速度创下了载人航天器飞行速度的纪录，至今未被打破。

"阿波罗11号"于1969年7月16日在肯尼迪航天中心发射，宇航员尼尔·阿姆斯特朗、迈克尔·柯林斯和埃德温·"巴兹"·奥尔德林成功登月。阿姆斯特朗的名言"这是个人的一小步，却是人类的一大步"成为人类探索史上的经典。他们在月球表面停留两个半小时，收集样本并部署科学仪器，最终于7月24日成功返回地球。

在接下来的3年中，NASA又成功进行了5次月球登陆任务。然而，在尼克松政府时期，太空探索的巅峰逐渐结束。冯·布劳恩于1972年6月10日从NASA退休，1976年被诊断出癌症，1977年获福特总统授予的国家科学奖章，同年6月16日去世。

为纪念冯·布劳恩，美国地质调查局南极地名咨询委员会将南极洲一座山峰命名为"冯·布劳恩峰"，国际天文学联合会将月球上的一座环形山命名为"冯·布劳恩环形山"。

南极洲最大的空难

    2019 年 11 月 27 日，6 名面色凝重的新西兰人从一架刚刚降落在南极洲麦克默多湾的美国军机上走出，然后匆匆登上在美国麦克默多基地等候的直升机，前往埃里伯斯火山。他们既不是来南极进行科学考察的科学家，也不是前来观光的游客，而是 40 年前那场发生在南极洲的最大空难的遇难者家属。

王牌项目：南极观光航班

    自 1977 年 2 月起，新西兰航空公司推出了一条以南极观光为特色的航班服务。该航班每架次均配备一名资深南极导游，通过机上广播系统为旅客介绍南极风光与地标。采用的飞机型号为麦克唐纳 - 道格拉斯公司的 DC-10-30，飞行路径是从奥克兰国际机场起飞，抵达麦克默多湾上空时会如广告所示降低高度以便乘客近距离观赏南极景观，傍晚返回新西兰基督城国际机场。为方便乘客在机舱内走动观景，机舱中间的座位（约占总座位的 15%）会被空出来。航班还提供丰富的美食，包括龙虾、香槟、鱼子酱等高级食材。此外，担任随航导游的多为名人，如登顶珠峰与穿越南极的埃德蒙·希拉里爵士。凭借美景、美食与名人效应的营销策略，该航班一经推出，立刻吸引了新西兰等世界各国的游客，虽然每张机票价格高达 359 新西兰元（按当前汇率约 2977 美元），但依然满座。观光客中既有富裕的中产阶级，也有不惜动用全年积蓄的工薪阶层。

死亡航班

1979 年 11 月 28 日，来自新西兰（180 人）、日本（24 人）、美国（22 人）、英国（6 人）、加拿大（2 人）、澳大利亚（1 人）、法国（1 人）、瑞士（1 人）8 个国家，共计 237 名乘客和 20 名机组成员，怀着兴奋喜悦的心情登上了新西兰航空公司 901 号航班。当中有 26 岁的新西兰教师尼克尔森，她刚完成了两个半月的南极课程，渴望亲临现场感受南极的风土人情；有著名的新西兰登山运动员普莱

1977 年 2 月 15 日新西兰航空首航南极纪念封

1989 年新西兰发行《纪念新西兰航空 50 周年》邮票

斯，他带着 86 岁的母亲一同前来，希望借此机会领略南极风光；有美国心理专家科尔医生，此前 3 周她曾参与过类似的旅行，但因当时天气欠佳飞机被迫改道，此次她决心再次追逐梦想。最为幸运的是 60 岁新西兰人海德汉，他因在一家购物中心成功猜中一块冰的重量，幸运收获了两张机票，便携手女友一同踏上了这趟观光航班。然而，所有人都未曾想到，这竟是一场有去无回的旅程。

上午 8 时 21 分，航班准时从奥克兰国际机场起飞。机长吉姆·柯林斯以及副机长格里高利·卡西恩执飞此次航班。这两位机长此前都没有飞过南极地区，但他们的飞行经验都相当丰富——柯林斯拥有 11511 小时的飞行时长，卡西恩也积累了 8000 小时的飞行时长。

起飞前 19 天，也就是 11 月 9 日，两位机长都参与了新西兰航空公司召开的航线简介会，当时就对此次飞行任务有了全面了解。自 1977 年推出"南极观光之旅"项目以来，新西兰航空公司已成功运营了 13 次相关航班。此行，他们的任务便是驾驶飞机从奥克兰国际机场起飞，抵达南极洲上空，在麦克默多湾进行低空盘旋飞行，最终返回新西兰基督城国际机场。航空公司还为他们配备了一份详尽的航程图，清晰标注了各飞行点的坐标。二人在仔细研读飞行要求后，欣然接受了这一任务，毕竟对于他们而言，此次飞行任务难度并不大。

在会上，两位机长获得了这个航班上一任机长所用的飞行计划，其中标明了航程飞行点的所有坐标——这些坐标在当天起飞前已被输入飞机自动驾驶系统的计算机。

新西兰航空公司原计划邀请埃德蒙·希拉里爵士作为随机导游，但因希拉里爵士在既定日期有其他安排，只能遗憾谢绝。不过，他推荐了自己的登山好友彼得·莫谷禄作为随机导游。

飞行全程约 8630 千米，预计耗时 11 小时，这对于两位总计拥有超过 19000 小时飞行时长的机长来说，并没有什么挑战性。飞行途中，飞机看似一切正常，但 12 时 50 分，麦克默多站发现 901 号航班的信号突然消失。尽管多次尝试联系，飞机仍未回应。麦克默多站迅速将这一异常情况报告给新西兰航空公司，并做好了救援准备。虽然当天南极洲的天气不佳，但能见度仍有 40 英里（64.37 千米），飞机撞山的可能性看似极小。因此，人们推测飞机可能只是遇到了一些突发状况，如临时迫降或通信设备故障。然而，11 月 28 日 14 时，美国方面发布消息，称新西兰航空公司 901 号航班失联，并已派出 3 架救援飞机进行搜救。

然而，直到晚上 9 时，搜救队在原定航线上仍未发现任何线索。此时，飞机的燃料早已耗尽。新西兰航空公司无奈地向公众承认：901 航班失联。对于机上 257 人的家属来说，这个消息如同晴天霹雳，他们仍怀着希望，期待着奇迹的发生。直到 11 月 29 日 0 时 55 分，搜救飞机在埃里伯斯火山一侧发现了不知名飞机的残骸，且未发现任何生命迹象。由于天气恶劣，上午 9 时，搜救飞机才抵达坠机现场。经确认，残骸属于失联的 901 号班机。除飞机尾翼外，飞机几乎完全粉碎，显然是撞击山体时发生爆炸所致，尸体被烧得难以辨认。经过 60 人的努力，最终确认了 213 名死者的身份，但由于尸体不完整或无人认领，仍有 44 人的身份未能确定。这些遗体于 1980 年 2 月 22 日一同安葬。

1979 年 11 月 21 日飞行纪念封

事故调查

失事飞机尾部的两个黑匣子保存完好。专家们通过分析黑匣子中存储的数据，最终还原了飞机坠毁的完整过程。12 时 30 分，901 号航班距离麦克默多站约 70 千米，麦克默多站通信中心批准飞机下降到 3050 米的高度。按当时的安全飞行条例，飞机飞行高度在任何情况下都不得低于 1830 米。不过，柯林斯机长的目标高度并非 3050 米，而是 450 米，这一高度能让机上的乘客清楚地看到麦克默多湾的景色。美国海军空管中心的工作人员也建议，可在距离麦克默多站 40 英里（约 64.37 千米）范围内将飞行高度降至 1500 英尺（457.20 米）。

尽管如此，新西兰航空公司仍为了给乘客提供更佳的观赏体验，公然违反安全飞行条例的规定，以远低于规定的高度穿越麦克默多湾，甚至将这一行为公开写入旅游宣传手册。"在空中游览麦克默多湾"是新西兰航空公司这个游览项目的一大卖点，柯林斯机长的前任机长们也都是将飞机降至 450 米的高度以便于乘客游览的，所以柯林斯认为自己也应该照此惯例操作。此前，还有不少机长曾在麦克默多湾降低飞行高度，这也让柯林斯认为这种做法是安全的。于是，在 12 时 45 分，柯林斯机长决定按照以往的惯例，将飞行高度下调至 1500 英尺（457.20 米），并切换为自动驾驶模式。

飞机上的乘客兴奋地拿起相机，记录下眼前的壮丽景象。然而，仅仅 4 分钟后，也就是 12 时 49 分，飞机上的地面迫近警告系统突然响起，警告飞机已经接近地面。由于飞行计划显示飞机将从埃里伯斯火山侧面经过，而非飞越其上空，所以机组成员并未将这一警报与潜在的危险联系在一起。

柯林斯机长根据以往的飞行经验，迅速前推油门爬升，并试图将飞机机头抬升 15°。奈何飞机与埃里伯斯火山的距离过近，未能及时完成爬升或绕过雪山。仅数秒后，飞机就以 480 千米／时的速度撞上了埃里伯斯火山山腰，瞬间引发剧烈爆炸。除了尾翼部分相对完整，其余机体瞬间四分五裂。

"901 航班事故调查小组"迅速成立。经过半年紧锣密鼓的调查，于 1980 年 6 月 12 日，由新西兰首席空难调查官罗恩·齐平戴尔牵头撰写的事故调查报告正式对外公布。

在这份报告中，调查组认定空难根源在于机长吉姆·柯林斯的重大失误。报告直指吉姆·柯林斯违规将飞行高度降至 1500 英尺（457.20 米），且在乳白天气下，未明确飞机具体位置却执意维持该高度，最终酿成悲剧。但是民众对此报告存疑，毕竟新西兰航空公司宣传手册曾有过低空飞行先例，且机组当时也获准下降高度。

为查明真相，新西兰政府重启调查，设立由大法官彼得·马洪领导的皇家调查委员会。1981 年 4 月 27 日，彼得·马洪推翻原结论，公布了新的调查结果。飞机坠毁前乘客拍摄的影像显示，事故主因是新西兰航空公司行政程序缺陷，航线更换却未及时通知机组成员。彼得·马洪在报告第 377 段明确指出，新西兰航空公司管理层与资深机师管理层合谋，用"精心编排的谎言"掩盖真相，企图逃避责任，欺骗前任调查官罗恩·齐平戴尔。换言之，这场空难完全是人为灾难。

新飞行计划要求飞机直接飞越埃里伯斯火山，而旧飞行计划是飞机直接飞越麦克默多湾，从埃里伯斯火山西面经过。此前多位机长都成功低空飞过麦克默多湾，未出意外。然而，吉姆·柯林斯等人的航线图被"动了手脚"，显示的仍是旧路线。新西兰航空公司为了提升旅程观赏性，在当天早上将航线向东偏移了 45 千米，导致飞机必须飞越高 3800 米的埃里伯斯火山。事实上，航线更改没有什么值得惊讶的，毕竟这是常有的事，但事情坏就坏在机长被"瞒报"了。不知道是什么原因，公司管理层没有通知两名机长航线变更。二人驾驶飞机时，按旧坐标输入辅助飞行系统，维持以往飞行高度。飞行 4 小时抵达南极洲后，机长经地面批准降至约 450米高度，启动自动驾驶，观看南极洲的景色。在他们看来，不远处就是一片洁白的雪地，已经和天空连成一片。但这恰恰证明当时可能出现了阶段性的"白蒙天"现象——机长看到的正前方的"地平线"，其实是云层中的空间反射了埃里伯斯火山后的罗斯冰架以及其他景色。机组成员认为自己飞行在麦克默多湾的上空，却未曾料到自己驾驶的飞机正高速撞向一座原本并不在航路上的火山。飞机防碰撞警报响起时，机长立即拉升飞机高度，但为时已晚，飞机数秒后撞上了火山，机上 257人无一生还。

新西兰航空公司对彼得·马洪的指控极为不满，并在当地的法院赢得了上诉胜利。然而，彼得·马洪并未就此罢休，他向英国枢密院司法委员会提出了上诉（该

AUSTRALIAN GEOGRAPHIC
ANARE-Flugzeug im Eis, südlich von Cape Evans auf Ross Island.
Im Hintergrund Vulkan Mt. Erebus, wo 1979 in einer neuseel. DC10, 257
Menschen den Tod fanden.

一架澳大利亚南极考察飞机停在罗斯岛埃文斯角以南的冰上，背景是埃里伯斯火山

委员会对英联邦 9 个国家和 16 个地区的案件拥有司法终审权）。最终，枢密院的法官团队做出了判决：901 号航班事故确实是飞行计划改变后未通知机组成员导致的，机组成员被错误引导偏离了原定航道，因此他们本身并无责任。然而，对于新西兰航空公司管理层合谋掩盖错误的指控，因证据不足而被驳回。无论判决结果如何，901 号航班的空难都是新西兰历史上遇难人数最多的灾难，同时也是南极洲迄今为止最严重的空难。受此影响，新西兰航空公司的首席执行官引咎辞职，并赔付了 15 万美元。

后续

在 901 号航班空难 40 周年之际，纪念活动在多个地点举行。6 名遇难者家属前往新西兰南极斯科特基地中心进行悼念，同时，新西兰的奥克兰、基督城等地也开展了悼念仪式。早在 2009 年，空难 30 周年时，新西兰航空公司首席执行官就公开向受害者及其家属道歉，并在公司总部揭幕了纪念雕塑，以铭记这场灾难。

2019 年 11 月 28 日，新西兰总理杰辛达·阿德恩代表现任政府公开道歉："我谨代表现在的政府，为当时新西兰航空公司的所作所为致歉。他们的行为致使航班坠毁，也导致你们失去所爱之人。"

新西兰航空公司的时任董事长也再次道歉："我为航空公司当年的疏漏，向机上乘客和机组成员致歉。"

为了纪念空难遇难者，1979 年 12 月 20 日，在埃里伯斯火山附近的新西兰南极斯科特基地竖立了一架木质十字架。但因风吹雨淋，次年十字架被换为铝制。

空难发生后，新西兰航空公司取消了所有南极观光航班，澳大利亚航空也在 1980 年 2 月终止了相关航线。直到 1994 年，澳大利亚航空才恢复南极观光航班，而新西兰直到 2013 年才恢复。

尽管距离 1979 年的空难已过去 46 年（1979—2025 年），但是大部分飞机残骸仍留在埃里伯斯火山上，天气回暖时清晰可见，时刻警醒着人们。

无人机在南极

1896年5月6日，无人飞行器领域迎来了重大突破。美国天文学家塞缪尔·皮尔庞特·兰利在华盛顿特区附近的波托马克河上成功弹射起飞了他设计的"小型飞机场5号"无人模型机，飞行距离达到约1200米。半年后，"小型飞机场6号"无人模型机更是将飞行距离提升至1500米。

此后，兰利进行了多次载人飞行试验，都以失败告终。1906年，兰利在南卡罗来纳州离世，他终生未娶，将一生奉献给飞行事业。其著作《空气动力学试验》成为航空领域的理论基石，为后世飞机设计者提供了宝贵的经验和启迪。

美国首艘航空母舰、美国的一座空军基地和NASA的一所研究中心都是以兰利的名字命名的。

1988年美国发行《塞缪尔·皮尔庞特·兰利》邮票

战争是科技的催化剂

1914 年，第一次世界大战爆发，各参战国将目光投向天空，意识到空中力量对地面部队的巨大影响。

1915 年 1 月 19 日，德国海军使用齐柏林飞艇首次从 1500 米高度轰炸英国东英格兰，5 月 31 日又空袭伦敦，引发"齐柏林大恐慌"。

1916 年 6 月，英国飞行军团工程师阿奇博尔德·蒙哥马利·罗设计了一架无人机，用于吸引德军的防空火力，为皇家飞行团的后续行动创造机会，这架无人机被称为"拉斯顿－普罗克特空中标靶"。阿奇博尔德被誉为"英国无线电导航技术之父"，他设想用"屠龙神器"击落德国的"恶龙"。但直到 1917 年 3 月，该计划仍停留在绘图板上。

第一次世界大战初期，机械工程师尼古拉·特斯拉构想组建无线电遥控飞机空中舰队。埃尔默·斯佩里（老斯佩里）和他的儿子劳伦斯·斯佩里（小斯佩里），以及飞行家寇蒂斯和发明家彼得·库伯·休伊特合作，设计了一种装满炸弹的无人自杀飞机（飞行炸弹）。1915 年 12 月 12 日试飞失败后，他们以"寇蒂斯 N-9H"教练机为基础重新设计，1918 年 3 月 6 日试飞成功。但因可靠性欠佳，直至第一次世界大战结束，美国海军都没有批准 250 架订单。

同期，美国陆军支持的"柯特森虫子"无人飞行器由查尔斯·F. 柯特林设计，1918 年初组装完成，并于 10 月 2 日首飞。然而，试飞后部分陆军将领认为其"给己方带来的麻烦多于敌方"。

在第一次世界大战期间，德军运用了一种由固体燃料火箭发射的火箭照相机，这种设备主要用于侦察敌方炮兵掩体。该装备的飞行高度可超越气球、飞机和飞艇，从而减少了人员伤亡风险和资金投入。发射地点位于德国柯尼希斯布吕克的 Ubungsplatz 军事训练营，采用移动发射平台进行发射。所使用的固体燃料火箭长 6 米，重 42 千克，能在 8 秒内升至 800 米的高度。

火箭照相机的发射程序只需要两名操作人员。到达极限高度后，火箭照相机将自动启动，捕捉该地域的影像资料。拍摄任务完成后，装载照相机的容器经由火箭点火分离，借助降落伞实现软着陆，如此一来，该装置便能于同一天内多次执行任务。

早在 1917 年，一位记者就报道过这种照相机，他认为其威力"有同等重量的高能炸药数倍之多"，因为空中监视手段足以对战斗的胜负产生关键影响。火箭照相机的诞生可追溯至 19 世纪早期，由阿尔弗雷德·摩尔研发成功。虽然在第一次世界大战中被投入使用不久德国就战败了，但无人航空摄影及无人飞行器的理念已经深入人心。

在德国慕尼黑的德意志博物馆内，人们有幸得见实物——安装于火箭头部的 Maul 式火箭照相机，以及置于发射平台之上的火箭照片。

在发射平台上的火箭

在德国慕尼黑的德意志博物馆里展示的火箭照相机实物

火箭照相机

1919 年签订的《凡尔赛条约》，只给了世人 20 年短暂的休战期。1939 年 9 月，波兰被入侵，第二次世界大战的序幕正式拉开。

在第二次世界大战实战中，德国的"槲寄生"轰炸机系列堪称无人机领域的代表。这种轰炸机采用子母机模式，由装满炸药、用于撞击轰炸目标的子机，以及由飞行员操控、负责通过无线电控制子机的母机（战斗机）组成，好似无人驾驶的"自杀飞机"。德国自 1940 年起着手研发此类复合体飞机，至 1943 年样机组合完成并进行了首飞，1943 年 10 月测试顺利完成。随后，容克斯公司受命制造 15 架"槲寄生"轰炸机，其编入德国空军第 101 轰炸航空团第 2 中队。1944 年 4 月中旬，该部队被部署至斯卡帕湾、直布罗陀海峡锚地以及列宁格勒周边等地，不过直布罗陀海峡锚地与列宁格勒附近的部署计划很快被取消。

1944 年 6 月 6 日，盟军成功登陆诺曼底。6 月 24 日，德军用 5 架"槲寄生"轰炸机攻击了停泊于塞纳湾的盟军船只。而在接下来的 4 个月里，德军又训练了更多的部队，让他们熟练掌握这种组合飞机的驾驶技巧。到了 11 月，德军调整战术，将"槲寄生"轰炸机的攻击目标转向了东线的苏联发电厂以及东西两线的关键桥梁。

1945 年春，"槲寄生"轰炸机的作战重点再次转移，专门针对河流交叉口的布防和各个桥头堡进行攻击。4 月 16 日，"槲寄生"轰炸机执行了它的最后一次战斗任务后，随着纳粹德国的战败而退出了历史舞台。

无人机在极地科学考察中的应用

第二次世界大战后，无人机迎来了突破性发展的黄金期，人工智能与微电子技术的飞速发展是关键因素。同时，无人机研究、组装、试验及飞行从军事领域向民用转型，个人、高校及科研院成为无人机研发和应用的核心。

无人机引入南极科考较晚，直到 2008 年第四个国际极地年期间，美国、英国、德国、日本、中国南极考察队才纷纷试用。2007 年 1 月 12 日至 2008 年 4 月 15 日的中国第 24 次南极科学考察期间，北京航空航天大学首次成功实施了无人机飞行试验。2008 年，日本科学家用无人机收集了南设得兰群岛的航摄与航磁资料。

在中国第 31 次南极科学考察中，"极鹰 I"型固定翼无人机于中山站首飞（程晓、张宝钢 / 供图）

2014—2015 年，在中国第 31 次南极科学考察期间，中国极地研究中心和北京航空航天大学机器人研究所联合研发"贼鸥""大白鲨"两款固定翼无人机。"大白鲨"深入南极内陆冰盖 40 千米，完成了 3 × 10 千米区域的梳状测量，获取了坡度、粗糙度等地形信息，承担了中国首个南极大陆固定翼机场选址任务。同年，中国科学院沈阳自动化研究所利用无人直升机完成了冰盖机场选址勘察，实现了 50 千米范围内连续观测、"雪龙"号科考船上随时起降及海冰观测。

针对南极恶劣的环境，北京师范大学于 2014 年组建了极地无人机研究团队，专注极端环境下的无人机应用。该团队携带新研制的小型固定翼无人机"极鹰 I"型赴南极中山站地区进行极地无人机地貌遥感考察工作。通过勘察不同阶段的地形，选择海冰冰面、紧实雪面、平整地面等位置完成了 10 个架次的无人机作业工作，共计飞行近 500 千米，获取航空影像 2700 余张，覆盖面积近 70 平方千米，完整覆盖拉斯曼丘陵区域及达尔克冰川前缘区域。

中国目前已形成"极鹰（固定翼）""极地精灵（多旋翼）"两大系列无人机队。2014 年与 2015 年，"极鹰 I"型固定翼无人机分别于北极黄河站、南极中山站完成验证飞行。在中国第 31 次南极科学考察中，"极鹰 I"型固定翼无人机于中山站首飞，其成果获《人民日报》头版报道，标志着中国南极无人机工作迈向新高度。

2015—2016 年，在中国第 32 次南极科学考察期间，北京师范大学全球变化与地球系统科学研究院极地遥感研究团队运用"极鹰 II"型电动固定翼无人机对长城站及阿德雷岛实施航拍调查，获取了 300 余张高清影像和 20 分钟热红外视频。通过对这些影像的分析处理，统计出 2016 年 1 月阿德雷岛上的企鹅聚落数量为 105 个，其中面积最大的聚落达到了 3000 平方米，岛上的企鹅巢穴总数为 4865 个。这一数据与第 23 次科考队实地调查结果基本一致。

相比传统野外调查，固定翼无人机在长城站地区有着极强的优势。在获取数据过程中，固定翼无人机不会干扰企鹅、贼鸥等动物的自然栖息，同时能更高效、精准、全面地收集信息。在长城站开展无人机作业，对于我国深入研究全球环境变化对南极的影响具有重要意义。值得一提的是，北京师范大学全球变化与地球系统科学研究院工程师张媛媛在 2015 年 1 月 15 日于南极中山站独立操控"极鹰 I"型固定翼无人机完成拉斯曼丘陵冰盖测绘任务，成为中国首位在南极大陆执行科考级无人机航测的女性科考队员。

此外，北京师范大学全球变化与地球系统科学研究院院长程晓教授与张宝钢工程师参加了中国第 32 次南极科学考察。他们搭乘智利"Aquiles"号运输舰，

执行长城站无人机环境遥感调查的女飞手——张媛媛博士（程晓、张宝钢／供图）

先后对南极半岛智利 O'higgins 站、智利 Yelcho 站以及南设得兰群岛拜尔斯半岛进行了无人机综合环境考察。携自主研发的"极鹰Ⅱ"型固定翼无人机在智利 Yelcho 站和南设得兰群岛拜尔斯半岛进行了无人机考察,共计完成了 5 个架次的作业,采集了超过 1600 张的航拍照片,获得超过 60 平方千米的无人机正射遥感影像,最高分辨率达 6 厘米。这是我国首次在南极半岛地区利用无人机进行的科学考察,也是北京师范大学极地遥感研究团队第一次在毫无后备支援条件下的无人机野外作业。本次考察标志着极地无人机技术已经逐步走向成熟,可作为未来我国极地考察中科研数据的获取和应对突发事件的技术手段。

2016 年 12 月至 2017 年 3 月期间,北京师范大学全球变化与地球系统科学研究院张宝钢、马驰两人参加中国第 33 次南极科学考察队之中山站度夏考察,在考察期间使用"极鹰Ⅱ"型固定翼无人机和"极地精灵Ⅰ"八旋翼无人机,对中山站所在的拉斯曼丘陵地区及周边的达尔克冰川开展无人机环境遥感监测工作。团队曾于 2014 年使用"极鹰Ⅰ"型固定翼无人机成功完成了上述地区的无人机首飞,并获取了高精度的无人机遥感数据和影像资料。对两期数据进行的对比分析,将为极地气候、环境在全球变暖背景下的变化研究提供重要资料,有利于人们理解全球变化对极地的影响。

科考人员在南设德兰群岛拜尔斯半岛露营执行无人机遥感调查任务(程晓、张宝钢/供图)

无人机测绘作为一种先进的测绘技术，在偏远地区和小范围测区的应用中，正逐渐取代传统的地面测量和有人机航空摄影测量。近年来，我国在极地的考察工作中也开始采用这项技术。例如，在第 32 次南极科学考察中，黑龙江省测绘地理信息局的科研人员在中国长城站地区进行了无人机倾斜摄影测量作业。经过 28 个架次的飞行，他们获取了 5000 多张影像，涵盖了中国长城站、智利费雷站、俄罗斯别林斯高晋站等区域的数据，并成功制作了中国首张南极科考站区的真三维实景地图《长城站真三维实景地图》。此外，这项技术在后续的两次南极科学考察中也被用于罗斯海恩克斯堡岛秦岭站的基础测绘工作。

　　在极地地质地貌学研究领域，波兰率先完成了乔治王岛局部冰缘地貌的无人机制图，并对坡度和坡向进行了基本的空间分析，成功提取出 19 种地貌类型。在西南极的马蹄谷，英国诺森比亚大学的无人机团队对冰流沉积物的粒径分布和蓝冰核碛物的年际变化进行了细致研究。同样在乔治王岛，葡萄牙学者根据分选性石环的表面破碎纹理，定性判断冻土活动层的厚度。

　　在极地生态学研究中，无人机因效率高而受到越来越多的关注。在极地植被生态学研究中，塔斯马尼亚大学用无人机搭载 6 波段多光谱成像仪，推断极地苔藓的健康状态，并基于精细地形和水文模式，量化不同融化情景下的极地供水状态。麦克默多干谷是南极独有的生物群落，但人类在其附近剧烈活动不但会妨碍藻垫和表土的正常发育，而且会影响对冰川的监测，新西兰学者利用无人机记录考察足迹，以此来量化对生态扰动的影响。

　　在极地动物生态研究中，企鹅的栖息地、捕食、种群数量与气候变化紧密相关。英国南极调查局（BAS）最早规范了马尔维纳斯群岛（福克兰群岛）企鹅种群调查的操作。北京师范大学基于中国第 32 次南极科学考察数据，统计得出阿德利岛的企鹅巢穴呈增长趋势，但不同企鹅种群动态变化有差异。通过卫星与无人机结合的遥感调查还发现一处规模巨大的阿德利企鹅聚居区。这种空间互补的分析工具支持从栖息地分析到个体分析的多尺度分析。此外，生态调查还涵盖海豹、鸥鸟、鲸等其他物种，甚至用于难以接近的微生物采样。

　　2015 年，澳大利亚首次利用无人机为"极光"号破冰船实时传输画面，辅助

"极鹰 III 型"固定翼无人机第 33 次 中山站度夏－海冰上作业（程晓、张宝钢／供图）

其航行。该无人机在 9 天内执行了 5 次任务，证明了其作为海冰导航工具的有效性。在中国第 33 次南极科学考察期间，考察队运用"极鹰 III"型固定翼无人机对"雪龙"号科考船至中山站的海冰进行了遥感数据采集，以评估冰面卸货风险并优化航线。同年，达尔克冰川突发冰面塌陷，阻断了通往冰盖的道路，考察队再次启用"极鹰 III"型固定翼无人机，进行应急监测和新路线探路。

自 1978 年起，英国南极调查局（BAS）的科学家们在亚南极南奥克尼群岛的西格尼岛上，持续监测帽带企鹅、金图企鹅和南极鸬鹚的种群。传统的地面清点方式已被无人机辅助监测所强化。无人机能够捕捉高分辨率图像，实现对鸟类的精准识别，且不会干扰其群落。

自 1978 年以来的 40 多年里，帽带企鹅的繁殖对数量减少了 70%，而金图企鹅的繁殖对数量则增加了 150%。这些变化趋势与南极半岛西部和斯科舍海其他地区的研究结果相吻合。

无人机上搭载的相机能够捕捉到企鹅和南极鸬鹚群落的高分辨率图像，极大地帮助了研究团队精确识别筑巢的鸟类。这些图像的细节程度足以区分繁殖和非繁殖鸟类，同时还能准确识别出外观相似且巢穴相邻的不同物种。

英国南极调查局的海鸟生态学家迈克·邓恩强调，无人机技术提供了一种快速、经济且低干扰的海鸟调查方法，特别适用于偏远且地形复杂的难以进入的地区。这项研究通过同时使用无人机和传统方法对相同种群进行计数，验证了无人机计数的准确性。

这些研究还指出，对种群数量的长期监测至关重要，它能帮助科学家了解推动这些变化的大规模生态过程。企鹅种群数量的变化不仅反映了南大洋生态系统的健康状况，还直接为南极海洋生物资源保护委员会（CCAMLR）提供了数据支持，该委员会负责南大洋的生态系统监测和渔业管理。

在 2021 年 6 月，科学家们在亚南极地区的南乔治亚岛和南桑威奇群岛，借助无人机对企鹅、海豹及信天翁的种群状况展开调查，以探究气候变化、捕鱼活动等诸多因素对该地区脆弱生态系统所产生的影响。

南乔治亚岛和南桑威奇群岛地处马尔维纳斯（福克兰群岛）以东大约 1300 千米的南大洋海域，这些偏远的岛屿是数百万只企鹅、海豹及海鸟的栖息地。在 2020 年之前，研究人员只能在地面调查期间，对那些相对容易接近、足够小且便于安全研究的动物群体进行定期监测。

此次研究工作实际开展于 2019 年 10 月至 2020 年 1 月，覆盖了南乔治亚岛和南桑威奇群岛的 7 个地点。研究人员运用一种商用四轴飞行器，在企鹅、海豹和海鸟栖息的群体上空进行手动驾驶，飞行高度经过精心调试，确保不会对动物造成干扰，同时设置每几秒钟拍摄一张照片。这些照片后续被拼接整合，形成一幅大型的正射影像，也就是该区域的航空摄影像图，科研人员借助此图，就可以在室内安全、高效且精准地对动物进行计数。

南乔治亚岛拥有世界上最大的南象海豹种群，研究人员于产仔季节在 5 个地点执行了 50 次无人机飞行。这是 25 年来圣安德鲁斯湾和猎犬湾的首次种群普查。监测数据显示，圣安德鲁斯湾年度产仔高峰期为 10 月 25 日，当日统计海滩共记录 6074 头母海豹、396 头公海豹、5341 头哺乳海豹幼崽及 155 头断奶海豹幼崽。

　　该群岛同样是王企鹅的重要栖息地，圣安德鲁斯湾约有 25 万对繁殖企鹅。研究团队从南乔治亚岛的陆地上和一艘在南桑威奇群岛的游艇上，使用无人机组完成了对王企鹅、马可罗尼企鹅、阿德利企鹅及帽带企鹅的全面调查，并计划进一步扩展至全岛种群普查。然而，无人机图像分析揭示了对马可罗尼企鹅监测的技术难点，其栖息于密集草丛筑巢的特性导致群体识别具有挑战性。

　　此外，人们对南乔治亚岛上的漫游信天翁已经进行了广泛的研究，之前的调查显示它们的种群数量在下降。无人机监测则为海湾里的岛屿提供了近年来首批漫游信天翁繁殖成功率数据。此次监测覆盖 9 个岛屿（总面积超 3 平方千米），共识别出 143 只漫游信天翁雏鸟与 48 只漫游信天翁成鸟。

　　2024 年 1 月，英国南极调查局的研究人员对亚南极偏远的火山岛扎沃多夫斯基岛进行了空中调查，目的是统计全球最大的帽带企鹅栖息地的企鹅数量。这里栖息着超过 100 万只繁殖的帽带企鹅。此外，岛上生态独特，生长着苔藓、地衣，以及在火山口周围寒冷环境中生存的无脊椎动物。

　　扎沃多夫斯基岛是一座活火山，最近一次喷发是在 2016 年，当时火山灰覆盖了岛屿的一半区域。岛屿的陡峭海岸线直面汹涌的大海，这种复杂的地理和气候条件使得野外调查面临巨大的后勤挑战，对岛上及其周边的野生动植物的调查研究非常有限。

　　这次空中调查是达尔文资助项目的一部分。由 6 名科学家组成的团队从英控福克兰群岛（阿称"马里亚纳斯群岛"）出发，历经 1300 英里（2092.15 千米）的旅程，在南大洋这片以汹涌闻名的海域上航行了 7 天，于 2023 年 12 月初抵达扎沃多夫斯基岛。科学家们在此建立了营地，开展了为期 3 周的调查，为保护岛上受环境变化威胁的物种收集首批科学数据。

　　这个团队开展了针对帽带企鹅和马可罗尼企鹅庞大聚居地及陆地生物多样性的调查工作，他们结合了地面计数方法和 50 米高空无人机的空中调查。通过地面调查获取的详细图像，对来自较高海拔的调查照片数据的准确性进行了检查。如果这些航拍照片能被证实是一种准确的监测企鹅种群数量和陆地生物多样性的方法，那么未来就可以利用它们来监测不同物种的聚居地，从而减少对岛上危险且昂贵的探险需求。

翱翔于普利兹湾海冰上空的贼鸥（程晓、张宝钢／供图）

　　空中调查和地面调查旨在为南乔治亚岛和南桑威奇群岛政府管理南桑威奇群岛及其周围海洋的计划提供依据。研究人员在研究过程中给企鹅安装了卫星发射器用于跟踪它们的活动，以确定现有的海洋保护区对企鹅主要觅食区的覆盖程度。同时还收集了企鹅的粪便，计划通过 DNA 指纹分析来了解企鹅的饮食情况。这个项目是一次真正的合作，为该岛创建了基线数据和可靠的未来监测方法，以便政府能够基于这些数据做出有关管理和保护当地物种的明智决定。

　　2024 年 2 月，英国南极调查局与英国自动驾驶货运飞机开发商 Windracers 的科学家和工程师在英国罗瑟拉考察站及其附近岛屿上空试飞了 Windracers ULTRA 无人机，这种无人机完全自主，具有双引擎、10 米固定翼，能够携带 100 千克货物或传感器，最远飞行距离可达 1000 千米。可以预见，无人机在未来南极考察中的使用将会越来越普遍。

搜寻天外来客

陨石，从科学角度定义，是地球以外脱离原有轨道的宇宙流星或呈碎块散落到地球等行星表面的未燃尽的石质、铁质或石铁混合物质，也被称为"陨星"。大多数陨石源自小行星带，少数来自月球和火星。

陨石是人类直接认知太阳系各星体的珍贵稀有的实物标本，通常含有地球上没有或不常见的矿物组合，以及高速穿过大气层燃烧时留下的痕迹。

南极大陆自从被发现后，不断有陨石被发现。1912 年，一位澳大利亚考察队员发现了第一块南极陨石。1961 年，苏联发现 2 块陨石；1962 年，美国发现 2 块陨石；1964 年，美国又发现 1 块陨石。1969 年，日本第 10 次南极考察队在大和山脉首次发现 9 块陨石；1973 年，日本发现 12 块陨石。当时正值美国阿波罗登月计划实施阶段，人们对太空愈发关注。陨石作为地球之外的物质，包含着其他天体及宇宙的重要信息。日本南极考察队通过对两次陨石发现情况的分析，意识到陨石类型多样，并非一次降落，推测此地可能有更多的陨石。于是，1974 年日本第15 次南极考察队开展陨石调查，发现了 663 块陨石；1975 年又发现了 308 块陨石。

日本、美国陨石
联合调查纪念封

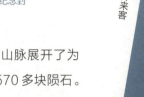

　　从 1976 年起，在日本的倡导下，日本与美国联合对南极横断山脉展开了为期 3 年的陨石调查。期间，日本发现了 600 多块陨石，美国发现了 570 多块陨石。3 年后，日美陨石联合调查队再次前往南极大和山脉，日本队发现了 3697 块陨石，其中包含月球陨石；美国发现了 82 块陨石。美国在 1981 年也发现了月球陨石。

　　日本对南极的陨石调查主要集中在大和山脉、贝尔基卡山脉、索尔隆戴恩山地这 3 个地方，总计收集到 2 万块陨石。而美国主要是在南极横断山脉的裸冰地区进行调查，收集到近 1 万块陨石。欧洲开启南极陨石搜索之旅始于联邦德国，于 1984 年收集到 230 块陨石。随后在 1990 年，欧洲科学家成立了欧洲陨石搜索计划（EUROMET）组织，在南极成功收集到 500 余块陨石。

　　中国同样积极开展南极陨石的收集与研究。截至 2023 年，我国共回收了 12665 块南极陨石；其中已确认有 2 块来自火星，且它们属于较稀有的二辉橄榄岩类型。

中国第 16 次南极科学考察时（1999—2000 年）从格罗夫山地区回收的南极陨石

中国第15次南极科学考察时
（1998—1999年）首次发现
南极陨石纪念明信片

中国第三次南极格罗夫山地区科学
考察和陨石回收公函纪念封

　　南极大陆之所以存在数量惊人的陨石，与其独特的地理与气候环境密不可分。南极大陆表面覆盖着厚约100米的积雪，这些积雪经压缩形成冰层，而裸露的冰区相对较少且奇特。陨石富集区主要集中在南极内陆山脉周围的裸冰地带——这些区域受强风和日照影响，冰层以每年10厘米左右的速度消融，使得陨石会相对集中地留存下来。南极大陆冰盖平均厚度约2300米，最厚处可达4000米，冰盖在向低处流动形成冰川并最终流入大海的过程中，若遇到山脉阻挡，冰的消融会使冰上的陨石逐渐显露，这就是陨石富集区的假说。

　　目前，各国在南极一共收集到14块月球陨石，总重2千克，其中7块是日本发现的。美国"阿波罗计划"从月球上带回总重量不到400千克的月岩，苏联的尔纳月球探测器带回不到300克的月岩。在南极的14块月球陨石中，有2块陨石和3块陨石是两组陨石，因发现地点相近且化学成分相似，被视为同一种岩石，另外9块月球陨石均来自月球原地的不同地方，即这14块南极月球陨石来自月球的10个不同地方，而美国和苏联从月球运回的月岩仅来自8个地方。更令人惊奇的是，月球陨石很可能来自月球背面，而月岩看上去全部来自地球能看到的月球表面地壳。月球陨石的发现，对复原月球的形成和演化具有重要意义。中国第一块南极月球陨石 GRV150357 由中国第 32 次南极科学考察队于 2015 年 12 月发现于南极格罗夫山的冰原上，重 11.7 克。

　　来自火星的陨石在南极大陆一共发现了 8 块，其中美国发现 5 块，中国发现 2 块，日本发现 1 块。由于目前人类尚未从火星上带回岩石，所以火星陨石是来自火星的唯一物质，能为研究火星的地质以及进化过程提供重要线索。1996 年 8 月，美国 NASA 发布消息称，在 1984 年发现于南极艾伦丘陵（Allan Hills，76°43′S，159°40′E）的像垒球大小的 ALH84001 南极火星陨石中发现了火星生命的迹象。美国科学家通过对 1.3 万年前掉入南极冰盖中的来自火星且未受污染的陨石进行分析，发现了一些非常微小的古老的单细胞生命迹象，在其中的碳酸盐沉积物中发现了"细菌化石"及其他有机化合物，据此推断火星可能存在生命。

　　约 1500 万年前，一颗小行星或彗星撞击火星外壳，产生的陨石开始绕太阳的轨道运转，直至 1.3 万年前降落至南极洲的艾伦丘陵，并一直隐藏在那里，直到 1984 年才被发现。据俄罗斯科学院通信院士、古生物研究所所长罗扎诺夫所述，

圭亚那发行《ALH84001 南极火星陨石》邮票小型张

163

科考人员在观察首次发现的一颗位于冰面下的陨石，最后将陨石和冰块一起取出

俄罗斯古生物研究所和美国 NASA 的专家共同对陨石碎片展开研究，从中找到了一种极简单的微生物。这种微生物的细胞与当下地球上的生物的细胞形态相似，但这种微生物只能在有水的地方生长。

这一消息引发了巨大震动，倘若属实，它将标志着人类首次证实地球之外存在生命。但是，也有学者提出不同看法，也是非常合理的。无论如何，这一消息激发了火星探测的热潮，并促使美国加大对"南极陨石搜寻计划（ANSMET）"的投入。该计划被南极考察队队员称为"陨石猎人"行动，自 1976 年起一直由美国国家科学基金会（NSF）和 NASA 行星科学分部提供资金支持。如今，美国与许多国家合作开展南极陨石搜寻工作，我国的科学家谭德军博士曾在 2007—2008 年参加了美国的"南极陨石搜寻计划"。

2011 年 4 月 5 日，美国 NASA 宣布，NASA 科学家与韩国、日本同行合作，在南极发现的一颗陨石中找到了一种新矿物，并将其命名为"沃森石"。这颗陨石编号为"大和 691"，是日本南极科考队员于 1969 年 12 月在南极大和山脉附近发现的。科学家推测，这块陨石在落入地球前是一颗在火星和木星间运行的小行星，形成于约 45 亿年前。

美国、韩国和日本科学家发现，"大和691"中的沃森石颗粒直径非常小，不足一根头发直径的百分之一，且被一些未知矿物包围。借助美国 NASA 的透射电子显微镜，科学家分离出沃森石的天然纹理，并确定了其化学成分和原子结构。沃森石仅由硫和钛两种元素组成，却拥有独特的晶体结构，此前在自然界中从未被观测到。

2023 年，一个从南极洲返回的国际研究小组带回了 5 颗新的陨石，其中一颗重达 16.7 磅（7.57 千克）。菲尔德博物馆和芝加哥大学的科学家玛丽亚·瓦尔德斯指出，在过去一个世纪中从南极洲回收的约 45000 颗陨石里，只有约 100 颗陨石的大小达到或超过这一尺寸。她表示，即使微小的微陨石也具备极高的科学价值，但发现如此大的陨石实属罕见，令人兴奋。新的研究还表明，在南极洲的冰原上可能还埋藏着数十万颗未被发现的陨石。

南极大陆拥有丰富的陨石资源，在这里发现的陨石数量众多、种类多样、保存年代久远，且具有弱氧化、污染少的特点。这些陨石是研究宇宙物质及其形成、宇宙与地球相互间作用的重要样本。人们相信，生命并非地球独有，太阳系外的行星上也可能存在生命。

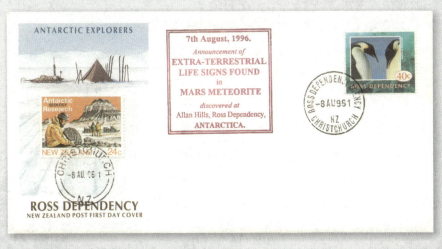

在南极干谷地区发现含有地外生命迹象的火星陨石纪念封

南极上空有个洞

地球的大气层从地表向上依次分为对流层、平流层、中间层、热层、外层。其中，对流层是大气的最下层，高度因纬度和季节而异。就纬度而言，低纬度平均为17～18千米；中纬度平均为10～12千米；高纬度仅8～9千米。自对流层顶向上55千米高度，为平流层，本层的气流运动相当平稳。从平流层顶到85千米高度为中间层。从中间层顶到800千米高度为暖层。暖层顶以上，称为外层。这些层次之间的分界线称为层界面。

臭氧是无色气体，有特殊臭味，因而得名"臭氧"。距地面15～50千米高度的大气平流层，集中了地球上90%的臭氧，这就是臭氧层。臭氧层能吸收绝大部分太阳紫外线，使地球生物免受紫外线的危害。所以，臭氧层被誉为地球上生物生存繁衍的保护伞。臭氧吸收太阳光中的紫外线并将其转换为热能加热大气，使得平流层大气的温度逐渐上升。大气的温度结构对于大气的循环具有重要的影响，这一现象的起因即来自臭氧的高度分布。在对流层上部和平流层底部，即在气温很低的这一高度，臭氧的作用同样非常重要。如果这一高度的臭氧减少，则会产生使地面气温下降的动力。

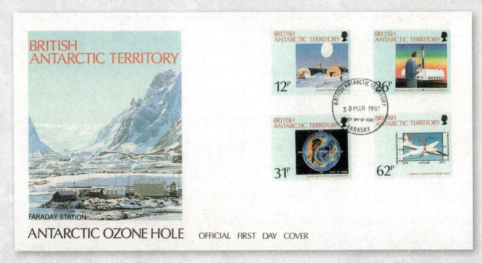

1991 年英属南极领地发行《南极臭氧洞》邮票首日封（盖有法拉第站首日纪念邮戳）

由此可看，臭氧的高度分布及变化是极其重要的。

在自然状态下，大气平流层中的臭氧分子能够吸收紫外线的能量，分解成为氧原子，并很快与大气中的氧气发生进一步的化学反应生成新的臭氧分子，使臭氧层中的臭氧分子达到动态平衡。这个过程周而复始从而抵挡大量的有害的紫外线到达地球。

臭氧在地球上的分布不均匀，通常极区臭氧总量较大，赤道附近较小。臭氧高度在赤道附近地区是 25 ~ 30 千米范围内，而在极地是 15 ~ 20 千米的范围内。从时间上看，北半球极地的臭氧总量最大值一般出现在 3—4 月，南半球一般在 9—10 月臭氧总量变得最大。南半球臭氧总量最大值出现的时间与北半球的春季臭氧总量不一定对称。此外，地形的影响和低气压反复出现的次数等因素也会影响地球上臭氧的分布。

20 世纪 70 年代末，科学家们开启了每年春天在南极考察臭氧层的序幕。1982 年，英国科学家在哈雷湾发现臭氧浓度下降了 20%，他们以为设备坏了。1984 年，他们在南极半岛阿根廷群岛的法拉第基地进行了新的测量，证实了之前的读数无误。1985 年，英国科学家首次发现在南极洲上空出现了臭氧层空洞，这一发现引起全球的广泛关注。臭氧层厚度采用多布森单位来表示，1 个多布森单位相当于标准大气状态下千分之一厘米的臭氧层厚度。当臭氧层厚度低于 220 个多布森单位时，就意味着臭氧层出现了空洞。1998 年观测发现，南极臭氧层空洞的面积达到了 2720 万平方千米，覆盖了整个南极大陆以及南美洲的南端。

科学家们的研究表明，氯氟烃（CFC）化合物（如喷雾剂、洗洁剂、发泡剂、冰箱及空调制冷剂中的物质）会对大气臭氧层造成破坏。氟利昂是氯氟烃物质的一种，具有化学性质稳定、难以分解、不可燃且无毒的特性，因而在现代生活中得到了广泛应用。然而，当氟利昂被排放到大气中时，其稳定性使其能够在大气中长期存在，持续数十年甚至上百年。由于无法在对流层中自然分解，氟利昂会逐渐从对流层向平流层扩散，并在平流层中受到强烈紫外线的照射而分解。分解产生的氯原子会对臭氧层造成破坏。

南极上空的臭氧层在漫长的岁月中形成，然而在不到半个世纪的时间里就遭到了严重破坏。尽管人类采取了多种保护措施，但南极上空的臭氧空洞仍然较大，臭氧层修复的速度远低于预期。相关研究认为，南极地区的臭氧层空洞将持续至 2068 年，此前科学家曾预估该臭氧空洞在 2050 年后会完全消失。

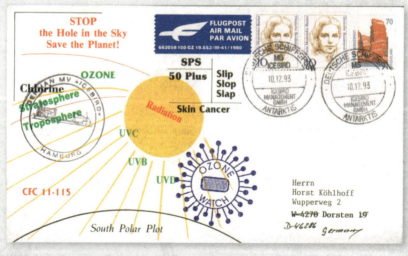

1993 年德国南极考察队臭氧观测纪念明信片（盖有德国冰鸟号极地考察船邮局邮戳）

美国 NASA 公布的信息显示，新的研究综合了卫星观测结果、地面测量数据和空中信息，并结合了南极上空对臭氧层有破坏作用的氯和溴的含量来分析计算未来南极地区臭氧层的变化。在模拟南极臭氧变化时，未来南极的气候模式以及氯和溴等有害物质扩散至南极平流层的速度都是重点关注的因素。

在应对臭氧层问题方面，最早使用 CFC 的 24 个发达国家于 1985 年和 1987年分别签署了旨在限制使用 CFC 的《保护臭氧层维也纳公约》《关于消耗臭氧层物质的蒙特利尔议定书》。1993 年 2 月，中国政府批准了《中国消耗臭氧层物质逐步淘汰的国家方案》，明确要在 2010 年实现完全淘汰消耗臭氧层物质的目标。1995 年 1 月 23 日，联合国大会通过决议，将每年的 9 月 16 日确定为"国际臭氧层保护日"，要求所有缔约国按照《关于消耗臭氧层物质的蒙特利尔议定书》及其修正案的目标，采取具体行动纪念这个日子。

自《关于消耗臭氧层物质的蒙特利尔议定书》制定以来，各参与方都限制了氟氯烃等破坏臭氧层气体的排放。经过 20 多年的努力，全球臭氧含量大致保持稳定，臭氧层空洞的面积正在缩小，臭氧的消耗也在减少。《极地气候变化年报（2024）》公布，南极臭氧洞发展平稳，相较于 2019—2023 年南极臭氧洞面积异常偏大且持久的现象，2024 年整体有所缓和。2024 年 9 月 28 日，臭氧洞达到单日最大覆盖面积，约为 2200 万平方千米，小于 2023 年，最大覆盖面积及开闭合时间接近1979—2021 年的平均水平。

南极上空的臭氧含量存在季节性变化，每年春季大约会下降 70%。采用新方法能够更精准地估算南极上空氯或溴等人造化学物质随时间的变化及臭氧的消耗情况，进而计算臭氧层空洞的大小。借助计算机模拟，科学家们已精确再现过去 27年间南极臭氧空洞的范围。科学家认为，南极臭氧层空洞并未像预期那样迅速缩小。

2011 年 2 月，1995 年诺贝尔化学奖得主保罗·克鲁岑在智利考察访问时向媒体表示，南极上空低臭氧气团正在北移，已经对智利中部和北部地区造成危害。他提到，自 2011 年 1 月以来，南极上空的臭氧层空洞异常缩小至历史最低水平，这一现象令人困惑，需要深入探究原因。此外，因低臭氧气团北移，照射智利中部和北部的强紫外线辐射短期骤增，使得当地居民长期暴晒后皮肤受伤或患皮肤癌的危

阿根廷发行《保护臭氧层》邮票

险上升。智利位于南半球，每年10月至次年4月日照最强，且距南极较近，随着南极圈上空臭氧层空洞的不断扩大，智利成为受紫外线辐射影响较大的国家之一。智利全国癌症协会数据显示，1998—2008年，智利皮肤癌患者人数是上一个10年的两倍以上，每年平均有200人死于皮肤癌，普通智利人在18岁前受到的紫外线辐射量已达人一生最高值。过高的紫外线辐射是智利皮肤癌高发的因素之一。

这位诺贝尔化学奖得主指出，对于南极上空低臭氧气团北移这一现象，科学界目前存在不同看法，但多数观点认为这只是一个暂时情况。而关于南极上空臭氧层空洞变化与厄尔尼诺现象之间的关系，克鲁岑表示现在还很难得出结论，不过这确实给科学界带来了一个新的理论课题，那就是把臭氧层空洞和气候变化联系起来进行研究。

南极臭氧层空洞的修复工作是一个长期且复杂的过程，这其中涉及多种因素以及复杂的物理（动力学工程）过程、化学过程。依据最新的评估报告，如果现有政策能够保持不变的话，预计到2066年南极上空的臭氧层将得以恢复，而世界其他地区上空的臭氧层预计会在2040年恢复。这一成果主要得益于逐步淘汰了近99%的禁用消耗臭氧层物质，这些措施有效地保护了臭氧层，使得平流层上层的臭氧层出现了显著的恢复迹象。

"谁持彩练当空舞"

当冬季降临南极大陆的时候,太阳就会隐藏起来,长时间不露踪影。然而,大自然是公平的,在严冬,虽然没有阳光普照,却有着漫天飘舞的绚丽多彩的极光。

太阳是一个巨大的核聚变反应堆,除了向地球提供光和热,还会不断地抛出大量高能带电粒子,这些粒子组成的物质被称为"太阳风"。当太阳风到达地球时,地球磁场会像磁性屏障一样偏转太阳风中的粒子,使其沿着磁力线向地球的两极运动。如果太阳活动剧烈,如发生日冕物质抛射或耀斑爆发,会产生更多的高能带电粒子注入地球磁层。地球磁场中的高能带电粒子会被加速,然后向极区沉降,当这些粒子与极区高层大气中的原子和分子碰撞时,会将能量传递给大气中的原子和分子,使它们处于激发态。激发态的原子和分子在返回基态时,会以光子的形式释放出能量,从而产生极光。

极光通常发生在地球两极,但也有例外情况,比如在太阳活动较强的1957年,我国东北边境的漠河和呼玛一带就出现了几十年少见的极光:1957年3月2日19时左右,一团殷红灿烂的霞光突然升起,瞬间变成了一条弧形的光带,从黑龙江上

中国南极中山站极光（张冬／拍摄）

空伸向大兴安岭的南方，十分壮观。在同年 9 月 29 日到 9 月 30 日夜晚，我国北纬 40° 以上的广大地区也出现了一次少见的瑰丽的极光，映红了北方的天空。人们争相欣赏着美丽的极光。2023 年 12 月 1 日，黑龙江漠河、大庆，内蒙古自治区腾格里沙漠、根河，新疆维吾尔自治区等地都出现了极光。

　　极光出现的次数及范围与太阳活动紧密相关。当太阳活动处于高峰期时，极光的活动范围会超越常规区域。历史上有记载的最强的一次极光事件是卡林顿事件，该事件源于人类观测记录中最强的太阳风暴，发生于 1859 年 9 月 1 日。当时，太阳风暴引发的极光极为强烈，以至于在美国夏威夷等低纬度地区也能目睹这一奇观。然而，任何事物都有两面性，极光也不例外。尽管古往今来极光一直以其神秘和美

中国发行《南极极光》邮票

美国发行《极光》邮票小版张

丽令人们为之着迷，仿佛置身于虚无缥缈之境，但同时它也带来了一些令人头疼的问题，比如封锁雷达、干扰军事通信和报警系统，甚至可能改变飞越极地上空的导弹弹道，还可能导致石油管道腐蚀等。

　　为了探索极光背后的奥秘，许多国家在南北极地区展开了长期的国际合作与观测。1976—1979 年开展的国际磁层研究（IMS）计划，将地球磁层中的极光现象作为重点观测目标，期间美国、欧洲和日本等多方参与者发射了多颗人造卫星，并在极地高纬度地区设立了大量观测点，构建起一个覆盖广泛的极光观测网络。1982—1985 年，中层大气计划（MAP）启动，旨在研究极光对中层大气的影响。在这一计划实施期间，研究团队除借助人造卫星接收信号外，还运用了激光雷达、多普勒雷达、分光仪、CCD 照相机、气球和火箭等多种先进观测设备与技术手段。1991—1995 年，日地能量计划（STEP）接续开展，该计划的主要目标是阐明从太阳到地球的能量传输与转换过程。

南极美国阿蒙森—斯科特站极光明信片

　　我国在极光系统观测研究领域的发展受到地域等诸多因素的制约，起步相对较晚，相较于美国、日本、澳大利亚等国家，在开展极区高空大气物理学研究方面明显滞后。20 世纪 80 年代，我国对于南极高空大气物理学的研究仅仅处于起步阶段。在规划南极长城站建设的过程中，我国科学家们曾多次前往国外的南极考察站进行实地考察学习。1985 年 10—12 月，南极及高纬地区高空物理学术讨论会在北京隆重召开，这一标志性事件表明我国科学家在极区高空大气物理学研究领域迈出了坚实有力的步伐，正式开启了探索之旅。

　　1990—2005 年，随着国家不断加大对极区研究的扶持力度，国际合作项目蓬勃兴起，我国的极区高空大气物理研究迎来了飞速发展的阶段。特别是南极中山站的建立，为我国科研人员开展极区高空大气物理学观测研究提供了极为有利的基础条件，极大地推动了相关研究工作的发展。

1972 年日本南极昭和
站通过火箭观测极光纪
念实寄封

日本南极昭和站观测
极光明信片

英属南极领地发行《极光》邮票

177

自1994年开展的中国第11次南极科学考察活动以来，我国科学家积极与日本、澳大利亚等国的科研机构展开紧密合作，在南极中山站成功建成了达到国际先进水平的高空大气物理观测系统。在当今全球20多个国家建立的50多个极地常年考察站中，我国南极中山站的高空大气物理观测系统已凭借其先进的技术和设备脱颖而出，跻身于世界前列。与此同时，通过组织和参与双边以及多边的极区空间物理学术研讨会，我国在国际极区高空大气物理研究领域的影响力得到了显著提升。

自2005年以来，在国家重点科技项目的有力支持下，我国极区高空大气物理的观测和研究能力实现了跨越式的发展，不仅在南极中山站建成了极区地球空间环境实验室，还在北极黄河站建成了极区高空大气物理观测系统，为我国构建起国际上为数不多的极区高空大气物理共轭观测系统奠定了坚实的基础，有力地推动了我国极光系统观测研究事业的进一步发展。

随着我国在极地的中高层大气遥感以及空间物理观测研究方面的能力快速提升和研究方式的深刻变革，我国在极区空间物理研究领域取得了丰硕的成果。在南极中山站，我国成功建立了自主的准全高程大气激光雷达观测体系，这一体系能够对近地面大气、中高层大气、极区电离层直至磁层的空间环境关键参数进行有效测量。通过对准全高程的中高层大气和极区电离层的协同观测，研究人员发现了在南极中山站上空，电离层突发E层和突发钠层之间存在紧密耦合的观测现象。此外，大量的极光观测数据揭示了南极和北极极光发光强度具有晨昏不对称的特征，并且在北极黄河站上空发现了独特的"喉区极光"以及极盖区的"太空台风"这种大尺度的极光涡旋结构。

我国在南极建立了长城站、中山站、昆仑站、泰山站、秦岭站，在北极建立了黄河站和中—冰北极科学考察站，这些站点为开展极区高空大气物理学研究提供了理想的观测基地。

展望未来，历史上曾经多次在文人墨客笔下出现的极光奇景，其背后的奥秘终将被科学家们揭开！

捕捉宇宙中的暗物质

中微子是自然界最基本的粒子之一。主要通过以下物理过程产生：宇宙射线中的高能粒子与大气层原子核相互作用产生次级粒子并衰变为中微子；太阳内部的核聚变反应；核反应堆中的核裂变过程；天然放射性物质的 β 衰变；超新星爆发等剧烈天体物理事件。宇宙中充斥着大量中微子，大部分为宇宙大爆炸的残留，其密度约为每立方厘米 336 个。

科学界对中微子了解很晚，仅已知它是轻子的一种，不带电，但质量未知，推算其轻到小于电子质量的百万分之一，并能以接近光速的运动自由地穿过墙壁、山脉、地球与其他行星。物理学家估算，中微子的穿透能力如此之强，甚至能穿透厚度比地球到太阳距离高出几十亿倍的铁板。

这种粒子与物质相互作用的概率极低，平均每 100 亿个中微子中仅有一个会与原子核发生碰撞，这种碰撞会产生 μ 介子并伴随切伦科夫辐射的蓝色闪光。由于中微子几乎不与常规物质发生相互作用且极少留下可观测痕迹，使其成为宇宙中最难探测的粒子之一，被形象地称为"宇宙隐身人"。

长期以来，科学家一直致力于捕捉中微子。有人说，中微子的探寻史如同原子物理中的诸多发现一样，本身就是一篇引人入胜的故事。1930 年 12 月，奥地利物理学家沃尔夫冈·泡利通过大量的理论推理与计算进行了天才的预言"在我们的物质世界中存在中微子"。他的预言在 26 年后被实验验证——1956 年，美国物理学家弗雷德里克·莱因斯和克莱德·考恩团队通过萨凡纳河核反应堆实验成功探测到反中微子，该成果获得 1995 年诺贝尔物理学奖。

目前，全球建有近 10 种不同的中微子探测器。这些中微子探测器是极其精密的工程设施。美国的科学实验室位于北达科他州一座废弃的金矿井内，该实验室首次成功探测到了来自太阳的中微子。而日本的超级神冈探测器主要用于研究太阳中微子。该探测器由约 120 名来自日本和美国的研究人员共同维护。他们在神冈町地下 1 千米深处的废弃锌矿坑中设置了一个巨大的水池，水池装有 5 万吨水，并在周围安装了 1.3 万个光电倍增管探测器。当中微子穿过水池时，有较大可能与水中的氢原子核发生碰撞，碰撞产生的光子会被周围的光电倍增管探测器捕获、放大，随后通过转换器转化为数字信号并被送入计算机供科学家分析。

为了有效探测宇宙中的中微子，科学家们认为必须构建具有千米级探测物质尺度的大型中微子观测站，同时探测物质需要足够透明，以便光线能在传感器阵列间传播，并且要有足够的深度以屏蔽地球表面的干扰。鉴于此，科学家们将目光投向了漆黑的湖底或深海环境。尽管在夏威夷建造的水下 μ 介子和中微子探测器（DUMAND）项目历经 20 余年的努力，最终未能成功，但为后续技术的发展奠定了基础。目前全球已建成多个水下中微子探测器，如贝加尔湖深水中微子望远镜（Baikal-GVD）、ANTARES 中微子望远镜（2022 年 2 月退役，后续由 KM3NeT 项目取代）。其中，ANTARES 由英国、法国、俄罗斯、西班牙和荷兰等国科学家联合设计，由 13 根垂入海中的缆状物组成，每根缆状物上配备有 25 个探测模块（每个模块含 3 个光电倍增管），安装在海面下 2475 米处。

银河系外的中微子产生于一些基本粒子围绕着类似黑洞这般庞大的天体运行，以及它们之间或与天体本身发生的碰撞过程。中微子与其他物质相互作用的概率极低，能够像"幽灵"一般穿越大量物质而近乎不发生改变。在巨大的地下水储藏池中，偶尔能观测到从太阳溢出的相对低能的中微子。然而，这类"望远镜"难以收集到足够数量的来自遥远太空的中微子用于研究，并且通常也无法确定中微子的行进方向。

但南极 μ 介子和中微子探测器阵列（AMANDA）却能胜任这一任务。与常规天文望远镜向上观测太空的原理有所不同，AMANDA 采用向下探测的方式。其由 677 个光学模块（玻璃球状探测器）组成，这些模块以阵列形式安装在垂直的缆索上，缆索被放置在南极冰盖下方 1500 ～ 2000 米深的冰洞中，利用冰盖过滤掉除中微子以外的其他放射性物质。当中微子与冰分子发生碰撞时，会发出被称为"切伦科夫光"的微蓝色光芒，这些玻璃球状的探测器就像一串串圣诞节的彩灯，沿着切伦科夫光的路径，几乎同步地依次闪烁。借助这一路径的逆转，天文学家得以回溯中微子的源头。中微子被称作"天文信使"，其几乎不与其他物质相互作用，能够穿越大气层且不会被大多数自然力破坏。虽然 AMANDA 记录了大量中微子"事件"，但与较近的中微子源（如宇宙射线与地球大气层中的粒子碰撞所产生）相比，研究人员尚无法确定任何源自银河系外物质的中微子。参与该研究的美国威斯康星州立大学天体物理学家弗朗西斯·哈勒泽表示："我们将提升仪器的灵敏度，希望有所发现。"

此外，AMANDA 验证了在千米深冰层中探测高能中微子的可行性，为后续的冰立方（Ice Cube）项目奠定了基础。

"冰立方"共耗资 2.79 亿美元，其中美国国家科学基金会（NSF）承担约 80%，其余由日本、英国等 7 国共同分担。它是目前世界上同类天文台中规模最大的一座。其选址南极得益于深层冰床的高透明度和极低放射性，可有效捕捉中微子信号并屏蔽干扰。此外，将探测器埋设于冰川深处的目的在于过滤宇宙中除中微子以外的其他辐射。再加上美国自然科学基金会的南极阿蒙森—斯科特站所提供的基础设施便利，为"冰立方"的建造以及中微子探测工作的开展提供了有力支持，扫除了诸多障碍。

"冰立方"的主体探测设备位于 1 立方千米的南极冰层中，其巨大的体积显著提升了捕捉高能中微子与冰中原子核相互作用的能力。为了使探测器能够深入冰层达到相应的深度，科学家专门设计并建造了增强型热水钻。这种钻机的钻探效率极高，在 48 小时内就能穿透 2000 米厚的冰层。

自 2004 年起，工程师们每年 12 月都会前往南极点，在冰层中铺设光线感应器。直至 2010 年，他们一共钻了 86 个深度达 2450 米的冰洞，各洞水平间距约 125 米。每条埋入冰洞的电缆上悬挂 60 个保龄球大小的数字光学模块，最终构成包含 5160 个模块的探测网络。2010 年 12 月 18 日，最后一个模块安装完成，标志着历时 7 年、耗资 2.79 亿美元的"冰立方"中微子天文台主体工程竣工，并于 2011 年 5 月正式投入科学运行。

研究人员表示，每天有数十个中微子穿过"冰立方"，当高能 μ 中微子与冰中的氧原子核发生弱相互作用时，会产生带电的 μ 介子。在高度透明的冰层中，μ 介子行进时会发出短暂的微蓝色光芒——切伦科夫光，光学探测器可捕捉并记录该光信号，将其转换为电信号经电缆传输至地面实验室。借助这些信息，研究人员可反推中微子的入射方向与能量。最理想的探测数据源于中微子穿过地球后自下方撞击冰层，尽管科学家预计此类碰撞事件概率极低，但自 2006 年首台光学探测器埋入冰洞以来，已探测到数起此类碰撞事件。初步结果显示，大量宇宙射线似乎源

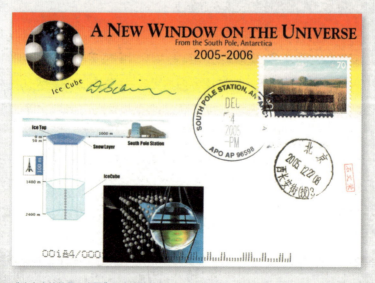

"冰立方的位置示意图"纪念明信片

"在南极点的冰立方实验室"图画明信片

自南天天区船帆座附近，该区域长期以来被认为存在强辐射源。

对中微子开展研究，能够为人类揭示太空深处各星体的未解之谜。因为由星球内部发出的光，极难穿透整个星球，目前人类所观测到的星光、太阳光，实则只是星球、太阳表层发出的光线，唯有中微子能直接携带恒星、星系核心等极端环境的物理信息，因其几乎不与物质相互作用。所以，破解中微子性质（如质量、振荡）不仅可以推动粒子物理发展，还能揭示宇宙高能过程。预计"冰立方"未来10年可积累数十万条数据，用于研究耀变体、中子星合并等事件的中微子辐射，有望解答宇宙射线起源、暗物质分布等难题。

对中微子的研究，不仅具有重要的理论意义，在日常生活中也具有诸多现实价

2009 年各国参与"冰立方"实验室工作的科学家在南极点的签名封

值。中微子可能的应用之一就是中微子通信。由于地球是球体，加上地表建筑和地形的遮挡，电磁波长距离传送要通过通信卫星和地面站。而中微子可以穿透地球且损耗很小，用高能加速器产生 10 亿电子伏特的中微子穿过地球时只衰减千分之一，这使得从南美洲直接向北京发送中微子信号成为可能。通过调制中微子束，可实现无须卫星或微波站的全球通信。另一个应用是中微子地球断层扫描，类似于给地球做 CT。利用高能加速器产生的万亿电子伏以上中微子束照射地层，能引发局部小"地震"，从而勘探深层地层。冰立方的首席科学家弗朗西斯·哈勒泽认为，先进工具的使用往往带来新发现，"冰立方"的落成为中微子研究的全新突破提供了可能。

在智利空军基地跑道上滑行的 C-130 "大力神" 运输机

跋　艰难的飞行

　　1996 年，英国安妮公主访问英控福克兰群岛（阿称"马尔维纳斯群岛"）和英属南极领地的两座岛屿上的南极考察站。为此，英属福克兰群岛邮政在 1 月 30 日发行了 4 枚纪念邮票。英属南极领地则发行了 2 枚邮票和 1 枚小型张。2 枚邮票主图都是安妮公主肖像，其中面值 35 便士的邮票背景图案是停泊在南极半岛玛格丽特湾的英国皇家海军的"耐力"号，飞到马靴岛的直升机以及马靴岛上的英国 Y 基地遗址；面值 40 便士的邮票背景图案是位于南极半岛的英国罗瑟拉站和"冲 7"飞机。

马靴岛

1996 年 1 月 30 日英控福克兰群岛（阿称"马尔维纳斯群岛"）邮政发行《安妮公主访问》邮票

玛格丽特湾位于南极半岛格雷厄姆地西侧，北起阿德莱德岛，南至沃迪冰架，整个海湾面积辽阔，是一处位于南极圈内且十分宁静的天然避风港。1909 年，法国探险家让－巴蒂斯特·夏尔科率领探险队在南极探险时发现了玛格丽特湾，并以他第二任妻子玛格丽特的名字为其命名。夏尔科与玛格丽特于 1907 年结婚，婚前玛格丽特发誓绝不参与丈夫的探险活动，但是没过多久她就从法国搬到了智利最南端的蓬塔阿雷纳斯，这是距离她丈夫的探险船最近的城市。至于格雷厄姆地，它是以吉里米角与阿加西角连线为界，取其以北的那部分南极半岛来命名。此名称的使用遵循了 1964 年美国南极名称咨询委员会与英国地名委员会达成的协议。该协议确定"南极半岛"作为南极洲主要半岛的名称，并将其南、北两部分分别称为帕尔默地和格雷厄姆地。而格雷厄姆地之所以得名，是因为 1832 年约翰·比斯科在考察格雷厄姆地西侧时，为纪念海军大臣詹姆斯·R·G·格雷厄姆爵士，便用其姓氏来命名这片土地。

马靴岛位于南纬 67° 49′、西经 67° 18′，岛上有一座保存完好的英国南极考察站遗址，此处曾是 1955 年 3 月至 1960 年 8 月英国的 Y 基地。基地当时主要开展地形测量、地质勘探及气象观测，考察队常借助狗拉雪橇进行长途野外考察，行程数百英里，持续数月，基地人员维持在 4 ~ 10 人。

如今在这处基地遗址中仍可见到当年的生活设施、供电系统、通信机房以及厨房、餐厅和宿舍。得益于当地干燥且低温的环境，当时的报纸、杂志、英国女王夫妇画像以及食品罐头都保存完好，置身其中，仿佛能感受到英国队员们刚刚离去，很快就会回来。

罗瑟拉站位于阿德莱德岛东南侧的罗瑟拉角，于 1975 年 10 月 25 日开站，是一个常年性科考站，主要开展生物学、地质学、冰川学、气象学和高空大气等多领域的研究工作。站内的砾石跑道长度为 900 米，宽 40 米，每年的 1 月至 3 月以及10 月至 12 月期间开放。

英国斯坦利·吉本斯邮票公司宣布，皇家公主殿下原定于 2 月初访问英国罗瑟拉站和其他英国南极基地的计划因"交通困难"而取消。皇家海军的"詹姆斯·克拉克·罗斯"号正在进行长时间的海洋观测，"布兰斯菲尔德"号正在驶向南极哈雷研究站，而"耐力"号要到 2 月中旬才能到达马尔维纳斯（福克兰群岛）首府斯坦利。唯一能飞往罗瑟拉站的"冲 7"飞机在斯坦利因发动机问题滞留数周。皇家代理人表示，所有事先印制好的邮票都已销毁。

10 年后，英国斯坦利·吉本斯邮票公司在其出版的《福克兰群岛及附属地邮票特别目录》中，给出的这套邮票取消发行的原因是坏天气阻碍了"冲 7"飞机的飞行，导致安妮公主的访问取消。6 年后的 2002 年，安妮公主于当地时间 2 月 7 日抵达南极洲，她此行的目的是纪念英国探险家罗伯特·福尔肯·斯科特到达南极点 100 周年。安妮公主乘新西兰空军 C-130"大力神"运输机抵达新西兰罗斯属地站。这次飞行极不顺利，前后共花了几小时，在降落时安妮公主甚至亲自到驾驶舱参与降落操作。

1999 年，我作为中国第 16 次南极科学考察队的一员，辗转万里，抵达智利最南部的城市蓬塔阿雷纳斯，等候飞往中国南极长城站的飞机。南美洲南端与南极洲之间有着宽达 1000 多千米的德雷克海峡。由于该海峡风大浪急，乘船穿越南极洲不仅耗时，还会让人晕船。

智利南极的爱德华多·弗雷·蒙塔尔瓦总统基地位于西南极大陆南极半岛附近的乔治王岛，中国南极长城站也在该岛上。岛上的智利马尔什空军基地管理着南极洲唯一的机场。这条南美洲—南极半岛南设得兰群岛航线对各国南极科考人员和游客的进出极为重要。智利空军的 C-130"大力神"运输机主要负责运输科考人员

马靴岛

和物资，但航班不固定，再加上南极半岛天气多变，起飞时间常临时变动。

我现在仍清楚地记得，在蓬塔阿雷纳斯经历一夜大雨后，清晨被告知飞机 9 时 30 分起飞，中午就能到长城站吃午饭了。

中国南极科学考察队全体队员都异常兴奋，迅速整理行李装车赶往机场，但载着我们的车辆却直接开进了机场旁的空军基地。我们把行李放到指定位置，办完手续后，一位智利空军军官走过来，收走了所有队员的护照。约一刻钟后，那位军官回来了，在还给我们的护照中都夹了张写好姓名的登机牌，还发给每人一张用英文和西班牙文印刷的文件，大意是：南极天气复杂多变，搭乘智利空军 C-130 "大力神" 运输机前往南极洲时，可能会遭遇不测，对此造成的损失和伤亡，智利空军不负责赔偿。请乘机人员登机前详细阅读并签字。我看完后毫不犹豫地签了字，交给了智利空军军官。既然决心来南极，就不能犹豫。自极地探险开始，人们就知道这是险途，可谓 "生死有命，富贵在天"。

当我们准备登机时，被告知飞机起飞推迟至 12 时 30 分，原因是乔治王岛上空有大雾，能见度低，飞机无法着陆。

此时机场上空开始下雨。空军基地内没有休息的地方，军官让我们去民航候机楼休息，一有消息就会通知大家。但是到了 12 时 30 分，那位军官过来通知大家，起飞推迟到 13 时 30 分。我们只好到机场的餐厅去解决午餐了。可是，13 时 30 分过后，传来的消息依然是推迟 1 小时起飞。我们有些不耐烦，但是同行的老队员说曾有等待 5 天起飞，甚至飞机中途返航的情况。到 15 时，乔治王岛的天气依然恶劣，需等到 15 时 30 分，但是不排除取消当天飞行的可能性。

15 时 20 分，正当我们对今天起飞不再抱任何希望时，一位智利空军地勤人员突然赶来通知，全体人员立刻登机，飞机将于 15 时 30 分起飞。全体队员闻讯后，迅速小跑赶往空军基地，乘坐大巴直奔停机坪。车上，基地地勤人员一边核对登机人数，一边提醒我们，飞机抵达乔治王岛上空时，雾气可能再次聚拢，导致飞机无法降落而返航，这让一颗刚刚放下的心又悬了起来。

15 时 35 分，C-130 "大力神" 运输机经过短距离滑行后，机身微微颤抖着离开地面，向着南极洲乔治王岛的方向飞去。进入机舱后，我们发现这里的条件远

智利费雷空军基地的飞机库

智利费雷空军基地鸟瞰

2010 年智利发行《纪念费雷空军基地 40 周年》邮票小版张

不及民航客机舒适，机舱前部仅用钢架和帆布带搭建了两排简易的长椅，便于装卸货物时拆卸；后部的货舱很宽敞，此刻堆满了队员们的行李。机舱缺乏防寒隔音设施，随着飞机攀升，寒气逼人。机舱外一片灰暗，仿佛被厚厚的旧棉絮包裹。机舱内，不仅有来自中国的南极科学考察队队员，还有来自智利、韩国和乌拉圭的南极科学考察队队员。然而，飞机发动机巨大的轰鸣声淹没了所有交谈，即便近在咫尺，也难以听清对方的说话声。在震耳欲聋的噪声中，我们只能默默忍受，度过了两个多小时的煎熬。

终于，飞机降低了高度，机头下沉，于 17 时 40 分成功降落在乔治王岛的智利南极空军机场。我们走出机舱，看到了前来迎接的长城站越冬队队员们，他们热情的笑脸让我们瞬间感受到了家的温暖。

为了改善交通，智利空军在夏季会多次用 C-130"大力神"运输机从蓬塔阿

搭乘智利军机前往南极的登机牌

雷纳斯向南极洲运送各国研究人员和补给。在南极的日子，只要看到 C-130"大力神"运输机降落，就意味着有新鲜食品和家书到来，所以大家对 C-130"大力神"运输机有着特殊的感情。

据智利媒体报道，2019 年 12 月 9 日晚，一架智利空军的 C-130"大力神"运输机在飞往南极科考站途中失联。该飞机于当地时间 16 时 55 分从蓬塔阿雷纳斯起飞，原定 19 时 17 分降落在乔治王岛的爱德华多·弗雷·蒙塔尔瓦总统基地，但于晚 6 时 13 分在南大洋上空失联。据悉，这架飞机执行的是后勤补给任务，搭载的人员计划开展检修南极空军基地的输油管道等工作。

12 月 10 日凌晨，智利空军发布新闻公报，宣布失联超 7 小时的 C-130"大力神"运输机失事。当时机上共有 38 人，包括 17 名机组成员。公报称，空军将与失联地点附近的智利和外国空中及海上力量继续搜救，寻找可能的幸存者。

据英国《卫报》12 月 12 日报道，智利空军在南极洲附近发现了失联飞机的残骸及一些遇难者遗体，智利空军司令表示机上无人幸存。

总之，搭乘飞机前往南极并非易事，甚至可能会有生命危险。